MIX
Papier aus verantwortungsvollen Quellen
Paper from responsible sources
FSC® C105338

Ingo Buchem

Nanostrukturierte Aluminiumfluoridschichten

Über das neuartige Niedertemperatur Sol-Gel Verfahren
und die charakteristischen Eigenschaften

disserta
Verlag

Buchem, Ingo: Nanostrukturierte Aluminiumfluoridschichten. Über das neuartige
Niedertemperatur Sol-Gel Verfahren und die charakteristischen Eigenschaften,
Hamburg, disserta Verlag, 2010

ISBN: 978-3-942109-46-8
Druck: disserta Verlag, ein Imprint der Diplomica® Verlag GmbH, Hamburg, 2010

Bibliografische Information der Deutschen Nationalbibliothek
Die Deutsche Nationalbibliothek verzeichnet diese Publikation in der Deutschen
Nationalbibliografie; detaillierte bibliografische Daten sind im Internet über
http://dnb.d-nb.de abrufbar.

Die digitale Ausgabe (eBook-Ausgabe) dieses Titels trägt die ISBN 978-3-942109-47-5
und kann über den Handel oder den Verlag bezogen werden.

Dieses Werk ist urheberrechtlich geschützt. Die dadurch begründeten Rechte,
insbesondere die der Übersetzung, des Nachdrucks, des Vortrags, der Entnahme von
Abbildungen und Tabellen, der Funksendung, der Mikroverfilmung oder der
Vervielfältigung auf anderen Wegen und der Speicherung in Datenverarbeitungsanlagen,
bleiben, auch bei nur auszugsweiser Verwertung, vorbehalten. Eine Vervielfältigung
dieses Werkes oder von Teilen dieses Werkes ist auch im Einzelfall nur in den Grenzen
der gesetzlichen Bestimmungen des Urheberrechtsgesetzes der Bundesrepublik
Deutschland in der jeweils geltenden Fassung zulässig. Sie ist grundsätzlich
vergütungspflichtig. Zuwiderhandlungen unterliegen den Strafbestimmungen des
Urheberrechtes.

Die Wiedergabe von Gebrauchsnamen, Handelsnamen, Warenbezeichnungen usw. in
diesem Werk berechtigt auch ohne besondere Kennzeichnung nicht zu der Annahme,
dass solche Namen im Sinne der Warenzeichen- und Markenschutz-Gesetzgebung als frei
zu betrachten wären und daher von jedermann benutzt werden dürften.

Die Informationen in diesem Werk wurden mit Sorgfalt erarbeitet. Dennoch können
Fehler nicht vollständig ausgeschlossen werden und der Verlag, die Autoren oder
Übersetzer übernehmen keine juristische Verantwortung oder irgendeine Haftung für evtl.
verbliebene fehlerhafte Angaben und deren Folgen.

© disserta Verlag, ein Imprint der Diplomica Verlag GmbH
http://www.disserta-verlag.de, Hamburg 2010
Hergestellt in Deutschland

Nanostrukturierte Aluminiumfluoridschichten

Über das neuartige Niedertemperatur Sol-Gel Verfahren und
die charakteristischen Eigenschaften

DISSERTATION

zur Erlangung des akademischen Grades
doctor rerum naturalium
(Dr. rer. nat.)
im Fach Chemie

eingereicht an der
Mathematisch-Naturwissenschaftlichen
Fakultät I
Humboldt-Universität zu Berlin

von
Dipl.-Chem. Ingo Buchem
geboren am 11.08.1979 in Hamburg

Präsident der Humboldt-Universität zu Berlin:
Prof. Dr. Dr. h.c. Christoph Markschies

Dekan der Mathematisch-Naturwissenschaftlichen
Fakultät I:
Prof. Dr. Lutz-Helmut Schön

Gutachter:

1. Prof. Dr. Erhard Kemnitz
2. Dr. Wolfgang E. S. Unger
3. Prof. Dr. Klaus Rademann

eingereicht am: 24. Februar 2010
Tag der mündlichen Prüfung: 21. April 2010

Abstract

Within the scope of this work a low-temperature sol-gel procedure for the coating of silicon and high-grade steel with aluminium hydroxide fluorides and pure aluminum fluorides was developed. These layers were examined for their usefulness in the catalysis as well for their optical characteristics.

With the help of a new fluorolytic sol-gel procedure and the spin and dip coating technique manufactured layers on silicon and high-grade steel were examined with AFM for its morphologic structure, with XPS for their chemical composition and with the Ellipsometrie for their optical characteristics and the layer thickness.

The layers were examined for their catalytic properties in the dismutation reaction of R22. Here the XPS was used, in order to document changes in the composition. The relationship between the starting material and the products and thus the activity of the layers were determined with the help of the gas chromatography. The catalytic active species can be moisture sensitive. Therefore additionally an in situ chamber in combination with the XPS had to be designed and constructed. The catalytic activity of the aluminium hydroxide fluorides and the layers are comparable thereby. HS-AlF_3 possesses as expected a higher catalytic activity.

A qualitative statement about the position of both the binding energy of the photoelectrons as well the kinetic energy of the Auger electrons and the resulting modified Auger parameter α' depends on an extensive reference substance data library. This library was also produced during this work. With the help of the Wagnerplots it could be shown that all precursors fluorinated with R22 are very similar to the pure aluminum fluoride phases.

On silicon substrate separated layers could be examined both before and after the fluorination with the XPS and ellipsometry. Here it could be shown that the subsequent treatment of the layers with R22 is without destruction possible at 300 °C.

Keywords:
aluminium fluorides, aluminium hydroxide fluorides, photoelectron spectroscopy, sol-gel

Zusammenfassung

Im Rahmen dieser Arbeit wurde ein Niedertemperatur Sol-Gel Verfahren zur Beschichtung von Silizium und Edelstahl mit Aluminiumhydroxidfluoriden und reinen Aluminiumfluoriden entwickelt. Diese Schichten wurden auf ihre Verwendbarkeit in der Katalyse, aber auch auf ihre optischen Eigenschaften hin untersucht.

Die mit Hilfe eines neuartigen fluorolytischen Sol-Gel Verfahrens und mit der *spin* und *dip coating* Technik hergestellten Schichten auf Silizium und Edelstahl wurden mit AFM auf ihre morphologische Struktur, mit XPS auf ihre chemische Zusammensetzung und mit der Ellipsometrie auf ihre optischen Eigenschaften und die Schichtdicke untersucht.

Die Schichten wurden auf ihre katalytischen Eigenschaften in der Dismutierungsreaktion von R22 hin untersucht. Hierbei wurde die XPS eingesetzt, um Veränderungen in der Zusammensetzung zu dokumentieren. Das Verhältnis zwischen dem Edukt und den Produkten und damit die Aktivität der Schichten wurde mit Hilfe der Gaschromatographie bestimmt. Es musste zusätzlich eine *in situ* Kammer für die Katalyseexperimente in Kombination mit der XPS konzipiert und angefertigt werden, da die katalytisch aktive Spezies luft- und feuchtigkeitsempfindlich sein könnte. Die katalytische Aktivität der Aluminiumhydroxidfluoride und der Schichten sind dabei vergleichbar. *HS*-AlF$_3$ besitzt erwartungsgemäß eine höhere katalytische Aktivität.

Um eine qualitative Aussage über die Lage sowohl der Bindungsenergie der Photoelektronen als auch der kinetischen Energie der Augerelektronen und dem daraus resultierenden modifizierten Augerparameter α' treffen zu können, wurde eine umfangreiche Referenzsubstanzdatenbibliothek angefertigt. Mit Hilfe des Wagnerplots konnte gezeigt werden, dass egal welche Precursoren mit R22 nachfluoriert wurden, ein den reinen Aluminiumfluoridphasen sehr ähnliches Produkt entsteht.

Die auf Siliziumsubstrat abgeschiedenen Schichten konnten sowohl vor als auch nach der Nachfluorierung mit der XPS und ellipsometrisch untersucht werden. Hierbei konnte gezeigt werden, dass die Nachbehandlung der Schichten mit R22 bei 300 °C zerstörungsfrei möglich ist.

Schlagwörter:
Aluminiumfluoride, Aluminiumhydroxidfluoride, Photoelektronenspektroskopie, Sol-Gel

Sobald wir etwas aussprechen, entwerten wir es seltsam. Wir glauben in die Tiefe der Abgründe hinabgetaucht zu sein, und wenn wir wieder an die Oberfläche kommen, gleicht der Wassertropfen an unseren bleichen Fingerspitzen nicht mehr dem Meere, dem er entstammt. Wir wähnen eine Schatzgrube wunderbarer Schätze entdeckt zu haben, und wenn wir wieder ans Tageslicht kommen, haben wir nur falsche Steine und Glasscherben mitgebracht; und trotzdem schimmert der Schatz im Finstern unverändert.

Maeterlinck

Inhaltsverzeichnis

1	**Einleitung**	**1**
2	**Motivation und Zielstellung**	**3**
3	**Literatur und Theorie**	**7**
3.1	Sol-Gel Chemie	7
3.2	Schichtsysteme mit Aluminium als Zentralatom	12
3.3	Beschichtungsroutinen	15
	3.3.1 Spin coating	15
	3.3.2 Dip coating	17
3.4	Photoelektronenspektroskopie (XPS)	19
4	**Ergebnisse und Diskussion**	**25**
4.1	Vergleichssubstanzen	25
	4.1.1 Aluminiumfluoride	27
	4.1.2 Aluminiumhydroxidfluoride	37
	4.1.3 Aluminiumchloridfluorid (ACF)	43
	4.1.4 Vergleich der Pulverproben	47
4.2	Oberflächeneigenschaften der Substrate	51
	4.2.1 Bestimmung von OH-Gruppen-Konzentration	54
	4.2.2 Kontaktwinkelmessungen zur Bestimmung der Oberflächenenergie	55
	4.2.3 Morphologische Untersuchungen	58
4.3	Schichtsysteme	59
	4.3.1 Substrat: Aluminiumoxid	60
	4.3.2 Substrat: Edelstahl	62
	4.3.3 Substrat: Silizium	64
4.4	Aktivierung/Nachfluorierung	71
	4.4.1 Pulverproben	72
	4.4.2 Schichtsysteme	78
4.5	Vergleich der aktivierten Proben	79
5	**Zusammenfassung**	**83**

A Experimenteller Teil   **85**
  A.1 Allgemeine Arbeitstechniken 85
  A.2 Herkunft der verwendeten Chemikalien 86
  A.3 Methoden zur Oberflächencharakterisierung 87
      A.3.1 Photoelektronenspektroskopie (XPS) 87
      A.3.2 Rasterkraftmikroskopie 88
      A.3.3 Bestimmung der Oberfläche und Poreneigenschaften . 89
      A.3.4 Weißlichtinterferometer 89
      A.3.5 Kontaktwinkelmessungen 89
      A.3.6 Bestimmung der OH-Gruppen-Konzentration an der Oberfläche 89
  A.4 Analytische Methoden 91
      A.4.1 Kernmagnetische Resonanzspektroskopie 91
      A.4.2 Gaschromatographie 91
      A.4.3 Bestimmung der katalytischen Aktivität 92
      A.4.4 Elementaranalyse 92
      A.4.5 Röntgendiffraktometrie 93
      A.4.6 Ellipsometrie 93
  A.5 Synthesevorschriften 94
      A.5.1 Synthese einer alkoholischen HF-Lösung 94
      A.5.2 Synthese der Aluminiumfluorid-Sole/-Xerogele 94
      A.5.3 Synthese von *HS*-Aluminiumfluorid 95
      A.5.4 Synthese der Aluminiumhydroxidfluoride 96
      A.5.5 Synthese der unterschiedlichen Aluminiumfluoridphasen 97
  A.6 Präparation der Schichten 100
      A.6.1 Vorbehandlung der Substrate 100
      A.6.2 Beschichtungsroutine – Spin Coating 101
      A.6.3 Beschichtungsroutine – Dip-Coating 101
  A.7 *in situ* Aktivierung/Nachfluorierung 103

B Abkürzungen   **105**

C Veröffentlichungen   **109**

D Literaturverzeichnis   **111**

Abbildungsverzeichnis

2.1 Schema der Sol-Gel Synthese und der nachfolgenden Schritte zur Synthese von HS-AlF_3 bzw. Schichten und die Nachfluorierung/Aktivierung dessen. 4

3.1 Schematische Darstellung der Zusammenhänge zwischen dem Sol-Gel System, der Beschichtung und der analytischen Charakterisierung. 8

3.2 Schematische Darstellung der *spin coating* Technik. 15

3.3 Schematische Darstellung der *dip coating* Technik. 18

3.4 Schematische Darstellung des äußeren photoelektrischen Effektes (links) und den darauf folgenden Augerprozess (rechts). 20

4.1 XPS-Übersichtsspektren für α-, β-, η-, ϑ- und κ-AlF_3. Die Fixierung der Pulverproben erfolgte mit doppelseitigem Klebeband und die Anregung mit Mg K_α-Strahlung. 29

4.2 XPS Al 2p-Detailspektren für α-, β-, η-, ϑ- und κ-AlF_3. Die Fixierung der Pulverproben erfolgte mit doppelseitigem Klebeband und die Anregung mit Mg K_α-Strahlung. 32

4.3 XPS F 1s-Detailspektren für α-, β-, η-, ϑ- und κ-AlF_3. Die Fixierung der Pulverproben erfolgte mit doppelseitigem Klebeband und die Anregung mit Mg K_α-Strahlung. 33

4.4 Kristallstrukturen der untersuchten Aluminiumfluoridphasen; grüne Ellipsoide: Fluor, graue Ellipsoide: Aluminium; oben links: α-AlF_3, oben rechts: β-AlF_3, mitte links: η-AlF_3, mitte rechts: ϑ-AlF_3, unten links: κ-AlF_3. 34

4.5 Kristallstrukturen von η-AlF_3 (links) und $AlF_{1,5}(OH)_{1,5} \cdot H_2O$ (rechts); grüne Ellipsoide: Fluor, graue Ellipsoide: Aluminium; blaue Ellipsoide: F bzw. O (OH); rote Ellipsoide: O (H_2O). 37

4.6 XPS-Übersichtsspektren von Pulver3 ($AlF_{1,9}(OH)_{1,1} \cdot H_2O$) und α-AlF_3. Die Fixierung erfolgte mit doppelseitigem Klebeband und die Anregung erfolgte mit Mg K_α-Strahlung. . . 40

4.7 XPS-Detailspektren der untersuchten Aluminiumhydroxidfluoride für das Al 2p- und F 1s-Signal (links: Al 2p, rechts: F 1s). Als Vergleich ist die Lage der Signale des α-AlF_3 eingezeichnet. Die Pulverproben wurden in einem Pulvertrog gemessen und die Anregung erfolgte mit Mg K_α-Strahlung. . 44

4.8 XPS-Übersichts- und Detailspektren (Al 2p und F 1s) von ACF (oben) und η-AlF$_3$ (unten). 47
4.9 Wagnerplot für alle Pulverproben, Aluminiumfluoridphasen und ACF unter Berücksichtigung der Bindungs- und kinetischen Energie für das Al 2p- und Al KLL-Signal. 48
4.10 Wagnerplot für alle Pulverproben, Aluminiumfluoridphasen und ACF unter Berücksichtigung der Bindungs- und kinetischen Energie für das F 1s- und F KLL-Signal. 49
4.11 Korrelation des durch XPS bestimmten Verhältnisses von F zu Al (oben) und O zu Al (unten) mit der ebenso durch XPS bestimmten F 1s-Bindungsenergie. 52
4.12 Korrelation des durch XPS bestimmten Verhältnisses von F zu Al (oben) und O zu Al (unten) mit der ebenso durch XPS bestimmten Al 2p-Bindungsenergie. Punkt 9 + 7 im oberen und 9 + 10 im unteren Koordinatensystem besitzen gleiche Koordinaten. 53
4.13 XPS-Detailspektrum für die mit Sauerstoffplasma vorbehandelte Edelstahloberfläche (O 1s); Bindungsenergiebereiche unterschiedlicher Sauerstoffspezies auf der Grundlage der *NIST*-Datenbank und der von K. Wandelt zusammengefassten Daten sind schematisch eingezeichnet. 56
4.14 XPS-Übersichtsspektrum sowie Detailspektrum des Al 2p-Signals für ein unbeschichtetes Aluminiumoxidsubstrat (untere Kurve/Blindprobe) und für eine Schicht, ausgehend von Al(OEt)$_x$F$_{3-x}$-Precursor auf einem Al$_2$O$_3$-Substrats, die per *dip coating* aufgetragen wurde(Schicht4). 61
4.15 XPS-Übersichtsspektren für ein unbeschichtetes Edelstahlsubstrat (untere Kurve/Blindprobe) und für drei Schichten, ausgehend von Al(OEt)$_x$F$_{3-x}$-Precursor auf Edelstahl-Substraten, die per *dip coating* aufgetragen wurden (Schicht2 (nicht geschlossen), Schicht3 (geschlossen), Schicht6 (*in situ* nachfluorierte Schicht3)). 63
4.16 XPS-Übersichtsspektren für Schicht1 (Al(OEt)$_x$F$_{3-x}$-Precursor auf einem Siliziumwafer) und Schicht4 (*in situ* nachfluorierte Schicht1). 66
4.17 Schichtdicken- (links) und Brechungsindexverteilung (rechts) für eine AlF$_3$(OH)$_{3-x}$-Schicht auf Siliziumwafer (Schicht1). . 66
4.18 XPS-Detailspektren für Al 2p (links) und F 1 s(rechts); Schicht1 (Al(OEt)$_x$F$_{3-x}$-Precursor auf einem Silizium-Substrat), Schicht3 (Al(OEt)$_x$F$_{3-x}$-Precursor auf einem Edelstahl-Substrat),Schicht5 (*in situ* nachfluorierte Schicht1), Schicht6 (*in situ* nachfluorierte Schicht3). 67

4.19 XPS-Übersichtsspektren für Pulver3 (AlF$_{1,9}$(OH)$_{1,1}\cdot$H$_2$O), Pulver6 (HS-AlF$_3$ aus Al(OEt)$_3$-Precursor (Durchflussreaktor)), Pulver7 (HS-AlF$_3$ aus Al(O^{i}Pr)$_3$-Precursor (Durchflussreaktor)), Pulver8 (HS-AlF$_3$ aus Al(OEt)$_3$-Precursor (in situ Kammer)), Pulver9 (HS-AlF$_3$ aus Aluminiumhydroxidfluorid (in situ Kammer)) und Pulver10 (Pulver6 mit Luftkontakt). 76

4.20 XPS-Detailspektren für Al 2p (links) und F 1s (rechts) für Pulver3 (AlF$_{1,9}$(OH)$_{1,1}\cdot$H$_2$O), Pulver6 (HS-AlF$_3$ aus Al(OEt)$_3$-Precursor (Durchflussreaktor)), Pulver7 (HS-AlF$_3$ aus Al(O^{i}Pr)$_3$-Precursor (Durchflussreaktor)), Pulver8 (HS-AlF$_3$ aus Al(OEt)$_3$-Precursor (in situ Kammer)), Pulver9 (HS-AlF$_3$ aus Aluminiumhydroxidfluorid (in situ Kammer)) und Pulver10 (Pulver6 mit Luftkontakt). 77

4.21 Wagnerplot für Pulverproben und Schichtsysteme sowie die entsprechenden nachfluorierten/aktivierten Proben unter Berücksichtigung der Bindungs- und kinetischen Energie für das Al 2p- und Al KLL-Signal. 80

4.22 Wagnerplot für Pulverproben und Schichtsysteme sowie die entsprechenden nachfluorierten/aktivierten Proben unter Berücksichtigung der Bindungs- und kinetischen Energie für das F 1s- und F KLL-Signal. 81

A.1 Abbildung eines Wassertropfens auf einer polierten Edelstahloberfläche zur Kontaktwinkelbestimmung. 90
A.2 Eintauchhilfe aus V2A-Edelstahl für die Dip-Coating Technik 102
A.3 Bilder von der in situ Kammer. 103

Tabellenverzeichnis

4.1 Vergleich der Auflagdungskorrekturen 28
4.2 Zusammenfassung der quantitativen Analyse der XPS-Übersichtsspektren für die Aluminiumfluoridphasen 30
4.3 Zusammenfassung der mit der XPS bestimmten Bindungs- und kinetischen Energien der Aluminiumfluoridphasen für Aluminium; die Hauptspezies ist fett markiert und der mod. Augerparamter α' wurde nur für diese bestimmt; die entsprechende Halbwertsbreite (FWHM) steht in Klammern; Ladungsreferenz: Au $4f_{7/2}$ (84 eV) 31
4.4 Zusammenfassung der mit der XPS bestimmten Bindungs- und kinetischen Energien der Aluminiumfluoridphasen für Fluor; die Hauptspezies ist fett markiert und der mod. Augerparamter α' wurde nur für diese bestimmt; die entsprechende Halbwertsbreite (FWHM) steht in Klammern; Ladungsreferenz: Au $4f_{7/2}$ (84 eV) 35
4.5 Zusammenfassung der verschiedenen Aluminiumfluoridphasen und die dazugehörige Anzahl der kristallographisch unterschiedlichen Atome 36
4.6 Zusammenfassung der quantitativen Analyse der XPS-Übersichtsspektren für die Aluminiumhydroxidfluoride 39
4.7 Zusammenfassung der mit der XPS bestimmten Bindungs- und kinetischen Energien der Aluminiumhydroxidfluoride für Aluminium; die Hauptspezies ist fett markiert und der mod. Augerparamter α' wurde nur für diese bestimmt; Ladungsreferenz: C 1s (285 eV) 40
4.8 Zusammenfassung der mit der XPS bestimmten Bindungs- und kinetischen Energien der Aluminiumhydroxidfluoride für Fluor und Sauerstoff; die Hauptspezies ist fett markiert und der mod. Augerparamter α' wurde nur für diese bestimmt; Ladungsreferenz: C 1s (285 eV) 41
4.9 Zusammenfassung der mit der XPS bestimmten Bindungs- und kinetischen Energien des ACF für Aluminium; Ladungsreferenz: die entsprechende Halbwertsbreite steht in Klammern hinter dem Wert; C 1s (285 eV) 46

4.10 Zusammenfassung der mit der XPS bestimmten Bindungs- und kinetischen Energien des ACF für Fluor; die Hauptspezies ist fett markiert und der mod. Augerparamter α' wurde nur für diese bestimmt; die entsprechende Halbwertsbreite steht in Klammern hinter dem Wert; Ladungsreferenz: C 1s (285 eV) 46

4.11 Zusammenfassung der mit der XPS bestimmten Bindungsenergien der mit Sauerstoffplasma vorbehandelten Edelstahloberfläche für Sauerstoff; die entsprechende Halbwertsbreite steht in Klammern hinter dem jeweiligen Wert; Ladungsreferenz: C 1s (285 eV) 55

4.12 Oberflächenenergien der Substrate 57

4.13 Rauheit der Substrate 58

4.14 Zusammenfassung der quantitativen Analyse der XPS-Übersichtsspektren für Schicht1 (Al(OEt)$_x$F$_{3-x}$-Precursor auf einem Si-Substrat), Schicht3 (Al(OEt)$_x$F$_{3-x}$-Precursor auf einem Edelstahl-Substrat), Schicht5 (*in situ* nachfluorierte Schicht1), Schicht6 (*in situ* nachfluorierte Schicht3), Pulver3 (AlF$_{1,9}$(OH)$_{1,1}$·H$_2$O), Pulver6 (*HS*-AlF$_3$ aus Al(OEt)$_3$-Precursor (Durchflussreaktor)), Pulver7 (*HS*-AlF$_3$ aus Al(O^{i}Pr)$_3$-Precursor (Durchflussreaktor)), Pulver8 (*HS*-AlF$_3$ aus Al(OEt)$_3$-Precursor (*in situ* Kammer)), Pulver9 (*HS*-AlF$_3$ aus Aluminiumhydroxidfluorid (*in situ* Kammer)) und Pulver10 (Pulver6 mit Luftkontakt). 68

4.15 Zusammenfassung der Bindungs- und kinetischen Energien für Aluminium für Schicht1 (Al(OEt)$_x$F$_{3-x}$-Precursor auf einem Si-Substrat), Schicht3 (Al(OEt)$_x$F$_{3-x}$-Precursor auf einem Edelstahl-Substrat), Schicht5 (*in situ* nachfluorierte Schicht1), Schicht6 (*in situ* nachfluorierte Schicht3), Pulver3 (AlF$_{1,9}$(OH)$_{1,1}$·H$_2$O), Pulver6 (*HS*-AlF$_3$ aus Al(OEt)$_3$-Precursor (Durchflussreaktor)), Pulver7 (*HS*-AlF$_3$ aus Al(O^{i}Pr)$_3$-Precursor (Durchflussreaktor)), Pulver8 (*HS*-AlF$_3$ aus Al(OEt)$_3$-Precursor (*in situ* Kammer)), Pulver9 (*HS*-AlF$_3$ aus Aluminiumhydroxidfluorid (*in situ* Kammer)) und Pulver10 (Pulver6 mit Luftkontakt); Ladungsreferenz: C 1s (285 eV); Anregungsenergie: Mg K$_\alpha$ (1253 eV) 69

4.16 Zusammenfassung der Bindungs- und kinetischen Energien für Fluor für Schicht1 (Al(OEt)$_x$F$_{3-x}$-Precursor auf einem Si-Substrat), Schicht3 (Al(OEt)$_x$F$_{3-x}$-Precursor auf einem Edelstahl-Substrat), Schicht5 (*in situ* nachfluorierte Schicht1), Schicht6 (*in situ* nachfluorierte Schicht3), Pulver3 (AlF$_{1,9}$(OH)$_{1,1}$·H$_2$O), Pulver6 (*HS*-AlF$_3$ aus Al(OEt)$_3$-Precursor (Durchflussreaktor)), Pulver7 (*HS*-AlF$_3$ aus Al(O^{i}Pr)$_3$-Precursor (Durchflussreaktor)), Pulver8 (*HS*-AlF$_3$ aus Al(OEt)$_3$-Precursor (*in situ* Kammer)), Pulver9 (*HS*-AlF$_3$ aus Aluminiumhydroxidfluorid (*in situ* Kammer)) und Pulver10 (Pulver6 mit Luftkontakt); die Hauptspezies ist fett markiert und der mod. Augerparamter α' wurde nur für diese bestimmt; die Halbwertsbreite (FWHM) steht in Klammern hinter dem entsprechenden Wert; Ladungsreferenz: C 1s (285 eV); Anregungsenergie: Mg K$_\alpha$ (1253 eV) 70

4.17 Zusammenfassung der Temperatur, Dauer der Nachfluorierung und des Umsatzes für Pulverproben und Schichten . . . 73

A.1 Trocknung von Lösungsmitteln 86
A.2 Lorentzpeakbreite unterschiedlicher Elemente 88
A.3 Übersicht über die verwendeten PDF-Referenzen 93
A.4 Zusammenfassung wichtiger Syntheseparameter und analytischer Daten für die Aluminiumfluorid-Sol/-Xerogel Synthese   95
A.5 Zusammenfassung wichtiger Syntheseparameter für die Aluminiumhydroxidfluoride 97
A.6 Ergebnisse der Elementaranalyse für die Aluminiumhydroxidfluoride 98
A.7 Zusammenfassung der Verweilzeiten und Ausziehgeschwindigkeiten beim Dip-Coating 102

Kapitel 1

Einleitung

Das Beschichten von unterschiedlichsten Substraten mit einer unendlichen Fülle an Materialien ist eine etablierte Methode, die im Laufe der Zeit immer weiter entwickelt wurde. Die Techniken zur Beschichtung von einer stetig wachsenden Vielzahl an Substraten wurden und werden immer weiter entwickelt und es konnten so Beschichtungen für immer speziellere und kompliziertere Anwendungen herangezogen werden. Beschichtungen werden eingesetzt zur Oberflächenveredelung wie z. B. zum Schutz vor korrodierenden Einflüssen, in der Optik und auch in der Katalyse. Viele wichtige Prozesse in den genannten Anwendungsgebieten finden statt bzw. beginnen an der äußersten Schicht des betreffenden Substrates. Somit hat die Veränderung dieser äußersten Schicht oberste Priorität und es ist nur logisch, am Ort des Anfanges von Prozessen manipulierend einzugreifen.

Während der Korrosionsschutz durch Beschichtungen eine seit langem bekannte und auch häufig angewendete Methode ist, ist der Einsatz in der Katalyse ein relativ neues Gebiet, auf dem zur Zeit intensive Forschung betrieben wird. Im Zuge der Weiterentwicklung von bildgebenden und analytischen Methoden konnten Beschichtung und die daraus resultierenden Schichten detailliert untersucht und optimiert werden. Die dadurch gewonnenen Erkenntnisse eröffneten schließlich die Möglichkeit, das Einsatzgebiet auf die Optik und Katalyse auszudehnen. Vielfach wurden dementsprechend Beschichtungen auf diesen Gebieten angewendet. Durch neue und verbesserte Analysetechniken konnte die Beschichtung und auch die Optimierung dessen zielführender gestaltet werden.

Aufgrund der sich stetig erweiternden Möglichkeiten in der Anwendung von Beschichtungen erlangten diese immer mehr an Bedeutung. Die Methode bildet sogar in der DIN-Norm 8580 eine Hauptgruppe. Laut dieser Norm ist Beschichten ein Fertigen durch Aufbringung einer fest haftenden Schicht aus formlosem Stoff an ein Werkstück. Das Anwendungsgebiet wiederum legt die Parameter fest, nach denen der formlose Stoff und das zu beschichtende Werkstück ausgesucht werden müssen.

Die Beschaffenheit und Form des zu beschichtenden Werkstückes und die Eigenschaften des zur Beschichtung eingesetzten Stoffes sind eng miteinander verknüpft und bedingen sich gegenseitig. Bestimmte Eigenschaften auf der einen Seite ziehen unvermeidliche Konsequenzen für den Gegenpart nach sich. Daher wurden im Laufe der Zeit immer neuere Verfahren entwickelt, um die unterschiedlichsten Substrate zu beschichten. Die Spanne reicht von der seit Jahrhunderten bekannten Fassung/Bemalung bis hin zu hochtechnisierten Verfahren wie die chemische bzw. physikalische Abscheidung aus der Gasphase oder Aerosolabscheidung.

Neben Suspensionen sind kolloidale Lösungen geeignet, um Schichten auf Substraten herzustellen. Diese Lösungen lassen sich mit einer Vielzahl an Methoden herstellen und auf ein geeignetes Substrat aufbringen. Beschichtungen mit kolloidalen Lösungen sind seit längerem bekannt. Eine eingehendere Untersuchung der Eigenschaften solcher Lösungen wurde jedoch erst am Anfang des letzten Jahrhunderts in Angriff genommen.

Vor allem der Sol-Gel Prozess, mit dem kolloidale Lösungen hergestellt werden können, hat in den letzten Jahrzehnten für die Beschichtung an Bedeutung gewonnen. Die Sol-Gel Chemie ermöglicht es, unterschiedlichste Metallverbindungen in Form eines Sols oder Gels für verschiedene Anwendungen nutzbar zu machen. Ein Sol kann, sofern die Paramter stimmen, für Beschichtungen verwendet werden. Erst vor wenigen Jahren wurde die auf sauerstoffhaltige Endprodukte beschränkte direkte Sol-Gel Chemie für nichtwässrige Systeme durch Einsatz von Fluorwasserstoff entscheidend erweitert. Erste Anwendungen für die Beschichtung durch fluorolytisch hergestellte Sole wurden schon erschlossen. Im Laufe dieser Arbeit sollen weitere Beschichtungen mit diesen fluorolytisch hergestellten Solen von unterschiedlichen Substraten eingehend untersucht werden.

Kapitel 2

Motivation und Zielstellung

Die neuartige Synthese von metallfluoridhaltigen Solen, auf die im Kapitel 3 auf Seite 7 noch näher eingegangen wird, eröffnet neue Möglichkeiten, Aluminiumfluoridschichten herzustellen. Im Laufe dieser Arbeit sollen daher Edelstahl, Aluminiumoxid und Silizium mit Hilfe eines Aluminiumfluorid-Sols beschichtet und charakterisiert werden. Edelstahl ist neben Aluminium ein Standardwerkstoff in der industriellen heterogenen Katalyse. Es liegt also nahe, den für die gesamte Infrastruktur der Reaktoren benutzte Edelstahl selbst als Träger für katalytisch aktives Material zu verwenden. Die Mikroreaktortechnik, die in den letzten Jahren aufgrund der Fortschritte in der Edelstahlfertigung und -bearbeitung einen enormen Aufschwung erlebt hat, wäre ebenso ein Anwendungsgebiet. Aluminiumoxid ist in der heterogenen Katalyse ein sehr wichtiges Trägermaterial. Eine Untersuchung von Schichten auf Aluminiumoxid ist somit nur logisch und notwendig. Silizium eignet sich aufgrund seiner sehr gut charakterisierten und homogenen Oberflächeneigenschaften hervorragend als Substrat. Zusätzlich sind infolge der Arbeiten von Krüger et al.[1–3] zu Schichtsystemen auf Magnesiumfluorid- und Titandioxid-Basis Grundlagen geschaffen worden, die in dieser Arbeit in Bezug auf Silizium als Substrat verwendet werden können. Es besteht vor allem die Möglichkeit, mit Hilfe der Ellipsometrie die Schichtdicke und im Zuge dessen auch optische Parameter zu bestimmen.

Das Reaktionsschema in Abbildung 2.1 auf der nächsten Seite zeigt die zweistufige Synthese, mit der die aktiven Aluminiumfluoridphasen sowohl als Pulver als auch als Schicht hergestellt werden sollen. Im Laufe dieser Arbeit soll daher zuerst getestet werden, ob die Beschichtung der oben genannten Substrate möglich ist. Hierfür müssen die Parameter wie Sol- und

KAPITEL 2. MOTIVATION UND ZIELSTELLUNG

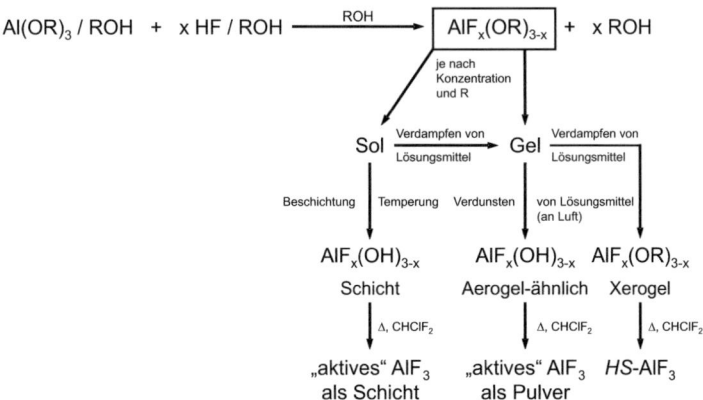

Abbildung 2.1: Schema der Sol-Gel Synthese und der nachfolgenden Schritte zur Synthese von HS-AlF$_3$ bzw. Schichten und die Nachfluorierung/Aktivierung dessen

Oberflächenbeschaffenheit des Substrates sowie die Beschichtungsroutine optimiert werden. Nach einer erfolgreichen Beschichtung sollen die morphologischen, chemischen und optischen Eigenschaften, sofern es möglich ist, bestimmt werden. Die anschließende Nachfluorierung/Aktivierung im zweiten Schritt und die damit einhergehende Untersuchung der Dismutierungsaktivität soll zeigen, ob eine katalytisch aktive, fest haftende und robuste Schicht aus Aluminiumfluorid hergestellt werden kann. Der Vergleich der morphologischen, chemischen und optischen Eigenschaften vor und nach der Nachfluorierung/Aktivierung können darüber und evtl. auch über den Ursprung der katalytischen Aktivität Auskunft geben.

Das Hauptaugenmerk der Charakterisierung liegt dabei auf der Photoelektronenspektroskopie (XPS). Um die mit Hilfe der XPS für die Schichten gewonnenen Ergebnisse richtig interpretieren zu können, müssen verschiedene Substanzen als Referenz untersucht werden. Besonders interessant ist hierbei die Veränderung der zu untersuchenden Proben während bzw. durch die Nachfluorierung/Aktivierung. Um Einflüsse auf die aktivierten Proben durch die in der Umgebungsluft vorhandene Feuchtigkeit auszuschließen, muss eine so genannte *in situ* Kammer konzipiert und an das Photoelektronenspektrometer angebracht werden. Die Ergebnisse der Pulverproben, welche sowohl in der *in situ* Kammer als auch in einem Durchflussreaktor hergestellt werden, können dann auf die Schicht übertragen werden. Vor allem die Nachfluorierungsprozedur (Temperatur, Dauer) muss vorher mit einem Pulver, welches der Schicht am ähnlichsten ist, optimiert werden.

Kapitel 3

Literaturüberblick und theoretische Vorbetrachtungen

Unter Berücksichtigung der Motivation und Zielstellung wird klar, dass drei große Themenfelder die Grundlage für diese Arbeit darstellen. Die Sol-Gel Chemie bildet dabei den Ausgangspunkt, aus deren Prozess heraus die zu untersuchenden Produkte hergestellt werden. Die Beschichtung von unterschiedlichen Substraten ist die Anwendung der aus dem Sol-Gel Prozess gewonnenen Sole. Die XPS/ESCA und weitere analytische Methoden liefern nicht nur wertvolle Einblicke über die Beschaffenheit der hergestellten Schichten, sondern auch weitergehende Informationen über die Prozesse an den Schichten. Dieser Kreislauf von Synthese des Sols, der Beschichtung und der abschließender Kontrolle der Schicht mit Hilfe der XPS/ESCA und der gegenseitigen Beeinflussung ist in Abbildung 3.1 auf der nächsten Seite schematisch dargestellt. Am Ende, wenn alle Parameter der Synthese und Beschichtung optimiert sind, kann die Nachfluorierung der Schichten und auch der Pulverproben durchgeführt und untersucht werden. Dementsprechend wird im Laufe dieses Kapitels kurz auf die theoretischen Grundlagen und den Stand der Forschung dieser Teilbereiche eingegangen.

3.1 Sol-Gel Chemie

Die Sol-Gel Chemie hat seit den Anfängen bis zum heutigen Tage eine beispiellose Entwicklung erlebt. Die Vielzahl an Übersichtsartikeln z. B. von Hench und West [4], Zarzycki [5] und Schmidt [6] sowie das Buch *Sol-Gel Science – The Physics and Chemistry of Sol-Gel Processing* von C. J.

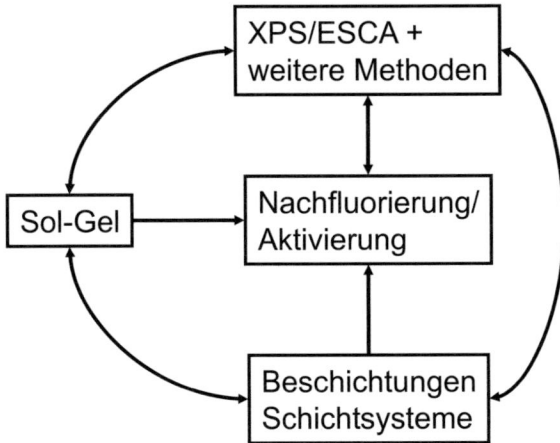

Abbildung 3.1: Schematische Darstellung der Zusammenhänge zwischen dem Sol-Gel System, der Beschichtung und der analytischen Charakterisierung.

Brinker und G. W. Scherer [7] und die dreibändige Serie *Handbook of Sol-Gel Science and Technology* von Sakka et al. [8] gewähren einen guten Überblick über die Fortschritte der Sol-Gel Chemie bis heute. Aufgrund der Fülle an Artikeln und auch Büchern konzentriert sich diese Arbeit vor allem auf die Sol-Gel Chemie des Aluminiums.

Sole und Gele liegen in Bezug auf ihre physikalischen und chemischen Eigenschaften zwischen einer Suspension und einer Lösung. Die folgende Gegenüberstellung verdeutlicht die Verwandtschaft der Sole und Gele sowohl mit einer Suspension als auch mit einer Lösung.

Suspension	Sol/Gel	Lösung
Feststoff	Makromolekül	gelöster Feststoff
Sedimentation		keine Sedimentation
	homogenes Stoffgemisch/ zweiphasiges System	homogenes Stoffgemisch/ einphasiges System
	keine kolligativen Eigenschaften	kolligative Eigenschaften

3.1. SOL-GEL CHEMIE

Sole und Gele sind Kolloide, die wie die Suspension keine kolligativen Eigenschaften besitzen und ein zweiphasiges homogenes Stoffgemisch bilden. Im Gegensatz zu einer Suspension und ähnlich zu einer Lösung sedimentiert jedoch kein Feststoff. Die Teilchengröße nimmt ausgehend von der Suspension über das Sol/Gel zur Lösung ab. Während der Feststoff in einer Suspension mehr oder minder unverändert fein verteilt in der flüssigen Phase vorliegt, besteht das Sol/Gel aus Makromolekülen, die sich aus Agglomeraten zusammensetzen. Die Agglomerate wiederum setzen sich aus einer unterschiedlichen Anzahl an Molekülen zusammen, die untereinander ein loses Netzwerk bilden. In Solen sind diese Vernetzungen schwach ausgeprägt, während eine starke dreidimensionale Vernetzung zu Gelen führt. In einer Lösung werden im Gegensatz dazu die intermolekularen Bindungen gespalten und es bildet sich ein einphasiges System. Die Partikelgröße in Solen beträgt zwischen 1 und 1000 nm. Aufgrund ihrer Größe ist die Schwerkraft vernachlässigbar, der die Brownsche Molekularbewegung der Solpartikel entgegen wirkt. Aufgrund der im Vergleich zur Schwerkraft stärkeren Brownschen Molekularbewegung findet im Sol keine Sedimentation statt. Wechselwirkungen untereinander werden durch schwache Kräfte wie z. B. van der Waals-Kräfte dominiert.

Die Synthese der Sole und Gele folgt dabei einem zweistufigen Mechanismus. Als Edukte, die in diesem Fall auch *Precursoren* genannt werden, werden sehr oft Metallalkoxide aufgrund ihrer Hydrolyseneigung und Löslichkeit eingesetzt. Im ersten Schritt erfolgt die Hydrolyse des Precursors oft unter Zuhilfenahme von Säuren oder Basen.

Hydrolyse: $\qquad M-OR + H_2O \longrightarrow M-OH + HOR$

Diesem Schritt können je nach Metall M und der Stabilität der entsprechenden Hydratkomplexe Olations-Reaktionen folgen. Dabei entstehen verbrückende Hydroxidgruppen.

Olation: $\qquad M-OH + M-OH_2 \longrightarrow M-(OH)-M + H_2O$

Im Gegensatz zur Olation entstehen bei der Oxolation/Kondensation Oxobrücken.

Oxalation/Kondensation: $\quad M-OH + RO-M \longrightarrow M-O-M + HOR$
$\qquad\qquad\qquad\qquad\qquad M-OH + HO-M \longrightarrow M-O-M + H_2O$

Durch Veränderung der Syntheseparameter wie z. B. pH-Wert, Temperatur,

Lösungsmittel, Konzentration, Stoffmengenverhältnisse und Zusätze lassen sich die zwei Teilschritte der oben genannten Synthese beeinflussen. Die Begünstigung von z. B. Oxolations-/Kondensationsreaktionen und der Vernetzung führt zu schnittfesten Gelen. Eine geringe Konzentration bzw. ein großer Lösungsmittelüberschuss wiederum führt zu Solen, die aber durch Entfernen des Lösungsmittels in Gele überführt werden können. Durch vollständiges Entfernen des Lösungsmittels können Xero- oder Aerogele hergestellt werden. Aerogele sind aus dem Sol bzw. Gel gewonnene Festkörper, bei denen die Netzwerkstruktur des feuchten Gels erhalten bleibt. Im Gegensatz dazu sind Xerogele Festkörper, bei denen sich sowohl die Struktur, das Volumen als auch die Porösität ändert. Das Volumen nimmt dabei häufig stark ab und die Porösität verringert sich merklich.

Die zeitliche Einordnung der Sol-Gel Chemie ist wie bei der Kolloidchemie nicht eindeutig bestimmbar. Beide Techniken wurden unwissentlich viel früher eingesetzt, ohne dass eine systematische Einteilung und Untersuchung durchgeführt wurde. M. Ebelmen beschrieb schon 1846 [9] die Reaktion von Siliziumalkoholaten mit der in der Luft enthaltenen Feuchtigkeit. Er synthetisierte so ein Gel, welches er durch Erhitzen in das Xerogel überführte. Diese Reaktion und die Beschreibung dessen erlangte jedoch wenig Bekanntschaft und die Anfänge der Sol-Gel Chemie wurde in der Folgezeit wenig beachtet. Die Sol-Gel Chemie gelangte jedoch schlagartig durch ein Patent von Walter Geffcken und Edwin Berger in Kooperation mit den Jenaer Glaswerken Schott & Gen. [10] in den Mittelpunkt vielfältiger Interessen. Sie patentierten dabei ein Verfahren, mit dem sie Substrate bzw. Gläser mit Solen oder Gelen bestehend aus Oxidhydraten verschiedenster Metalle und Halbmetalle beschichten konnten. Diese Schicht hat dann je nach Brechungsindex Eigenschaften, die zur Entspiegelung oder verstärkten Reflexion von Licht gewisser Wellenlänge führen können. Dieses Patent zeigte schon sehr früh die Vorteile der Sol-Gel Chemie in der Beschichtungstechnik. Die Herstellung der Sole bzw. Gele und die Beschichtung der Substrate erfolgte unter weniger drastischen Bedingungen, wie sie sonst bei den vorherrschenden PVD- oder CVD-Verfahren angewendet werden. In der Folgezeit wurde die Sol-Gel Chemie für Silizium und Titan intensiv untersucht. Eine gute Übersicht liefert hierzu der Artikel von H. Schroeder [11]. Die von Dislich [12] vorgestellte Möglichkeit, Mehrkomponentenoxidgläser durch kontrollierte Hydrolyse und Kondensation von Alkoholatkomplexen herzustellen und das Patent von Levene und Thomas [13] weckten wiederum das Interesse der Industrie und somit auch das der wissenschaftlichen Gemeinschaft. Während sich die Sol-Gel Chemie bis hierhin besonders dem Silizium und dem Titan als Zentralatom widmete, erfuhr die Sol-Gel Chemie vom Aluminium durch die Ergebnisse von Yoldas et al. [14–17] einen großen Schub. Obwohl diese Chemie schon vielfach untersucht wurde, nutze Yoldas die Erkenntnisse, um über eine vergleichbar einfache Synthese z. B. mit Siliziumdioxid gemischte und reine Aluminiumoxidgläser herzustellen.

Bis zu diesem Zeitpunkt beschäftigte sich ein Großteil der Forschungsvorhaben im Bereich der Sol-Gel Chemie mit der Herstellung von Metalloxiden. 2003 berichtete die Arbeitsgruppe von Prof. E. Kemnitz erstmals von der direkten fluorolytischen Sol-Gel Synthese. Dabei wird der Precursor nicht einer Hydrolyse sondern unter nicht-wässrigen Bedingungen einer Fluorolyse unterzogen. Durch diese Fluorolyse von Aluminiumisopropylat [18] und Magnesiummethylat [19] konnten neuartige Metallalkoxidfluoride synthetisiert werden. Eine nachfolgende milde Fluorierung mit Fluorchlorkohlenwasserstoffen oder gasförmigem Fluorwasserstoff führte zu neuartigen Metallfluoriden mit vergleichbar hohen Oberflächen. Zusätzlich konnte im Fall des *high surface* Aluminiumfluorids eine sehr hohe Lewisazidität nachgewiesen werden [20]. Ausgehend vom Magnesiummethylat können dünnflüssige Sole synthetisiert werden, mit denen es möglich ist, dünne Schichten herzustellen [1–3]. Die bisherigen Erfolge auf diesem noch jungen Gebiet der Sol-Gel Chemie wurden im Übersichtsartikel von Rüdiger und Kemnitz [21] zusammengefasst.

Bei der Fluorolyse wird das Wasser durch Fluorwasserstoff ersetzt, welcher in einem für die Synthese geeigneten Alkohol gelöst ist. Bei einer Fluorolyse werden äquivalente Schritte wie bei einer oxidischen Sol-Gel Synthese durchlaufen. Der Fluorolyse folgt dementsprechend die Vernetzung und damit die Sol- bzw. Gelbildung.

Fluorolyse: $M-OR + HF \longrightarrow M-F + HOR$

$M-OR + HF \longrightarrow (H)RO-M-F$

Vernetzung: $M-F + RO-M \longrightarrow M-F-M + HOR$

$M-F + RO-M \longrightarrow M-F-M(-OR)$

Der Reaktionsmechanismus, der dieser Synthese zu Grunde liegt, wurde ausführlich von König et al. mit Hilfe verschiedener Techniken aber vor allem mit der Festkörper-NMR untersucht [22–24].

Nachdem es gelungen war, dünne Schichten mit Hilfe des Magnesiumfluoridsols herzustellen, stellte sich die Frage, ob ebenso Aluminiumfluoridschichten synthetisiert werden könnten. Im folgenden Abschnitt wird daher ein kurzer Überblick über bisher bekannte Schichtsysteme beruhend auf Aluminiumfluorid gegeben.

3.2 Aluminium als Zentralatom in unterschiedlichen Schichtsystemen

Beschichtungen unterschiedlichster Substrate ausgehend von Solen und Gelen sind in den letzten Jahrzehnten zu einer der Triebkräfte der Sol-Gel Chemie geworden. Dementsprechend groß ist auch die Anzahl der erschienenen Publikationen und eine Übersicht zu behalten, ist mit viel Aufwand verbunden. Die Übersichtsartikel von Brinker et al. [25], Sakka und Yoko [26], Schmidt [27] und das Buch von Klein et al. [28] bieten einen ersten Einstieg und einen Überblick über die Beschichtungen mit Solen und Gelen. Eine erste grobe Einteilung bietet der Anwendungsbereich der Schichtsysteme. Dieser lässt sich wiederum unterteilen in die Substrate, die beschichtet werden und die aufgetragenen Sole und Gele, die den Anforderungen des Anwendungsbereiches genügen.

Die Anwendungsbereiche reichen vom Korrosionsschutz, Veränderung der Oberfläche in Hinblick auf Adhesion, elektrische und/oder magnetische Eigenschaften, der Optik bis hin zur Katalyse. Als Substrate werden hierfür Metalle jeglicher Zusammensetzung (Edelstahl unterschiedlichster Legierung, Aluminium, Kupfer, Nickel, Silber etc.), Halbleiter (Silizium, Galliumarsenid) und Glas verwendet. Einen guten Überblick über Beschichtungen von Metallen bieten die Übersichtsartikel von Guglielmi [29] sowie von Wang und Bierwagen [30]. Allgemein dominiert der Korrosionsschutz und die Optik die Anwendungsgebiete der durch Sol-Gel Chemie hergestellten Schichten. Dementsprechend werden vor allem Metalle jeglicher Zusammensetzung sowie Halbleiter und Glas für die jeweiligen Anwendungsgebiete beschichtet und untersucht. Silizium als Zentralatom ist dabei das am meisten verwendete und dementsprechend am besten untersuchte Element.

Beschichtungen, die Aluminium in irgendeiner Form beinhalten, sind in allen Teilbereichen der Anwendung vertreten. Aluminiumoxid wird vor allem zum Schutz vor Korrosion, als Träger für Katalysatoren und als Grund-

3.2. SCHICHTSYSTEME MIT ALUMINIUM ALS ZENTRALATOM

lage für Lichtwellenleiter verwendet. Einen sehr umfangreichen Überblick über durch die Sol-Gel Chemie hergestellten Schichten des Aluminiums liefert der Artikel von Kobayashi et al. [31].

Aluminiumfluoride fristen im Vergleich zu den Aluminiumoxiden ein Nischendasein. Dieser Umstand ist sicher der bis 2003 fehlenden direkten Sol-Gel Synthese von Aluminiumfluoriden zuzuschreiben. Zusätzlich müssten Aluminiumfluoridschichten einen Vorteil bzw. neue Anwendungsgebiete gegenüber den Aluminiumoxiden bieten, damit sich eine Untersuchung überhaupt lohnen würde. Gegenüber Aluminiumoxiden kann das Aluminiumfluorid vor allem in der Optik aufgrund seines sehr niedrigen Brechungsindex sowie der geringen Absorption im UV-Bereich und in der Katalyse aufgrund seiner möglichen hohen Lewisazidität von Vorteil sein. In den frühen siebziger Jahren des letzten Jahrhunderts wurden erstmals Aluminiumfluoridschichten eingehender untersucht. W. Heitmann beschrieb 1970 [32] eine aus der Gasphase abgeschiedene Aluminiumfluoridschicht. Der beginnende Vormarsch der elektronischen Kleinbauteile in dieser Zeit verlangte nach neuen und leistungsfähigeren Kondensatoren. Aluminiumfluorid wurde dabei als mögliches Dielektrikum in einem Kondensator diskutiert. Infolge dessen wurden in der Folgezeit vor allem die elektrischen und dielektrischen Eigenschaften von Aluminiumfluoridschichten untersucht [33–37].

Hierbei wurde auch schon die mögliche Verwendung von Aluminiumfluoridschichten in der Optik untersucht. Der Brechungsindex eines Aluminiumfluorid-Einkristalls ist mit 1,36 für eine Wellenlänge von 589 nm [38] vergleichbar mit dem Brechungsindex von Magnesiumfluorid (n_{500} = 1,38). Beide Fluoride besitzen einen vergleichsweise niedrigen Brechungsindex, weswegen beide z. B. in antireflektiven Beschichtungen zum Einsatz kommen bzw. diskutiert werden. Hierzu wurde auch ein Patent von Kuschnereit et al. für die Firma Carl Zeiss Semiconductor [39] eingereicht, in dem neben Aluminium- und Magnesiumfluorid auch Calcium-, Natrium- und Lithiumfluorid als niedrigbrechende Materialien vorgeschlagen werden.

Zusätzlich verlangt die rasante Weiterentwicklung in der Halbleiterindustrie nach immer kleineren Strukturbreiten. Die für das Ätzen der Leiterbahnen benutzte Photolitographie gelangt jedoch bei den heutigen verlangten Strukturbreiten von 32 nm und darunter an ihre Grenzen. Neben *extrem ultra violet* und Röntgenlitographie, die beide jedoch noch im Entwicklungsstadium sind, wird vor allem die Elektronenstrahllitographie für kleinere Strukturbreiten eingesetzt. Aluminiumfluoridschichten werden hierbei als vielversprechende anorganische Abdecklacke sowohl für die Photo- als auch für die Elektronenlitographie untersucht [40–44]. Bei allen bisherigen Untersuchungen zu den Aluminiumfluoridschichten wurden selbige mit PVD- bzw. CVD-Verfahren auf die entsprechenden Substrate aufgetragen. Da die Sol-Gel Chemie der Fluoride ja erst 2003 von Kemnitz et al. [18, 19] vorgestellt wurde, verwundert es nicht, dass bis jetzt noch keine weiterführenden Untersuchungen mit auf diesem Wege hergestellte Schichten durchgeführt wurden.

In der Katalyse werden Schichten mit Aluminium als Zentralatom vor allem als Trägermaterial verwendet. Dabei wird Aluminiumoxid als Sol, Gel oder Suspension auf das zu beschichtende Substrat bzw. an den Innenwänden des Reaktors mit einer geeigneten Technik (sehr häufig *wash, spin* oder *dip coating*) aufgetragen. Nachdem diese erste Schicht fest haftet wird häufig durch Imprägnierung der eigentliche Katalysator aufgebracht. In gewissem Sinne ist dieses Verfahren eine Abwandlung der klassischen Methode, Katalysatoren auf Trägermaterialen durch Imprägnierung aufzutragen. Die aluminiumhaltige Schicht ist dabei sehr häufig nicht der aktive Katalysator sondern nur Trägermaterial. Der Übersichtsartikel von V. Meille [45] fasst die unterschiedlichen Beschichtungsmethoden und Anwendungen, die in den letzten Jahrzehnten untersucht wurden, gut zusammen. Aluminiumfluoridschichten wurden bis dato nicht für katalytische Reaktionen eingesetzt.

Beschichtungen mit Aluminiumoxid werden in einer Vielzahl mit *spin* bzw. *dip coating* hergestellt. Aufgrund der weitreichenden Untersuchungen zur Sol-Gel Chemie der Aluminiumoxide konnten diese Beschichtungsmethoden detaillierter untersucht und erfolgreich angewendet werden. Das vollständige Fehlen eines zur Sol-Gel Oxidchemie des Aluminiums analogen Verfahrens für die Fluoridchemie beschränkte die Beschichtungsverfahren in diesem Fall auf die CVD- und PVD-Verfahren. Dementsprechend wurde in dieser Arbeit, nachdem die Sol-Gel Fluoridchemie 2003 entdeckt wurde, die Beschichtungsmöglichkeiten mit der *spin* und *dip coating* Technik untersucht. Im folgenden Abschnitt wird daher kurz auf diese Beschichtungstechniken eingegangen.

Abbildung 3.2: Schematische Darstellung der *spin coating* Technik.

3.3 Beschichtungsroutinen

Wie schon im vorhergehenden Abschnitt erwähnt, sind vor allem das *dip*, *spin* und *wash coating* sowie das *slip casting* sehr häufig angewandte Methoden, um mit Solen und Gelen unterschiedliche Substrate zu beschichten. Alle genannten Methoden sind vergleichsweise einfach durchzuführen und benötigen bei weitem keinen so hohen apparativen Aufwand wie z. B. CVD- oder PVD-Verfahren.

Da das *spin* und *dip coating* im Laufe dieser Arbeit für die Beschichtungen der hier verwendeten Substrate eingesetzt wurden, werden diese Techniken im Folgenden näher erläutert.

3.3.1 Spin coating

Bei der *spin coating* Technik wird das Substrat auf einem Probenhalter fixiert. Dieses geschieht häufig durch Unterdruck, der durch eine geeignete Vakuumpumpe erzeugt wird. Das so waagerecht fixierte Substrat wird danach mit dem Sol benetzt und in eine Drehbewegung versetzt. Das Sol wird dabei bei geringen Umdrehungszahlen gleichmäßig auf dem Substrat verteilt. Bei höheren Umdrehungszahlen wird überschüssiges Sol abgeschleudert und es bildet sich, durch das gleichzeitige Verdampfen des Lösungsmittels, eine festhaftende Schicht. Die Abbildung 3.2 zeigt schematisch die nacheinander folgenden Stufen der *spin coating* Technik. Das Verhältnis der maximalen Umdrehungszahl, der Beschleunigung und der Zeit muss jeweils für das entsprechende Substrat und Sol optimiert werden.

Es wurden bereits 1958 von Emslie et al. [46] erste Untersuchungen der Einflüsse verschiedener Parameter untersucht und beschrieben. Sie konnten durch mathematische Beschreibungen zeigen, dass höher viskose Sole eine längere Zeit und höhere Umdrehungsgeschwindigkeit brauchen, um uniforme und dünne Schichten zu bilden. Daraus resultiert, dass eine höhere Umdrehungsgeschwindigkeit und eine insgesamt längere Zeit allgemein zu dünneren Schichten führt. D. Meyerhofer [47] berücksichtigte im Vergleich zu Emslie et al. zusätzlich noch die Verdampfung des Lösungsmittels während des Beschichtungsprozesses. Oftmals dienen leichtflüchtige Kohlenwasserstoffe und Alkohole als Lösungsmittel, die schon während des Beschichtens verdampfen. Bornside et al. [48] untersuchten ebenfalls die durch das *spin coating* hergestellten Schichten und kamen zu dem Schluss, dass die Verringerung der Filmdicke beim Abschleudern und Verdampfen des Lösungsmittels abnimmt, je dünner die Schicht an sich wird. Sie stellten ebenso einen Zusammenhang zwischen aufgetragener Schichtdicke und der Endschichtdicke her. Birnie et al. [49] wiederum untersuchten die Abhängigkeit der Dicke der Schicht von der Dauer und Geschwindigkeit der Beschleunigung bis zur Endgeschwindigkeit. Sie zeigten, dass je nach Lösungsmittel und dessen Dampfdruck die Dauer und Geschwindigkeit der Beschleunigung einen großen Einfluss hat. Wie auch Bornside et al. postulierten sie für gewisse Systeme eine Ausbildung einer „Vorschicht", die sich noch vor dem Erreichen der eigentlichen Endgeschwindigkeit bildet. Somit können sich dickere Schichten ausbilden als erwartet. Die allgemeine von Meyerhofer et al. [47] vorgeschlagene Gleichung (3.1)

$$\frac{\partial h}{\partial t} = -2Kh^3 - e \tag{3.1}$$

mit

$$K = \frac{\rho \omega^2}{3\eta} \tag{3.2}$$

und

$$e = C\sqrt{\omega} \tag{3.3}$$

bildet bis heute eine der anerkannten Berechnungsmöglichkeiten für die Schichtdicke h. C ist dabei eine Konstante, die von der Luftbewegung über dem Sol und dem Substrat abhängig ist, t die Zeit, ω die Drehgeschwindigkeit, ρ die Dichte und η die Viskosität des Sols. Es hat sich auch gezeigt, dass die Schichtdicke umgekehrt proportional zur Wurzel der Umdrehungsgeschwindigkeit ist.

$$h \propto \omega^{-1/2} \tag{3.4}$$

Neben *spin coating* ist *dip coating* ebenso eine im Labormaßstab häufig durchgeführte Beschichtungsroutine, die im Laufe dieser Arbeit ebenfalls Anwendung gefunden hat. Im folgenden Abschnitt werden daher kurz die wichtigsten Aspekte aufgeführt.

3.3.2 Dip coating

Im Gegensatz zum *spin coating* wird beim *dip coating* das zu beschichtende Substrat in das Sol eingetaucht. In Abbildung 3.3 auf der nächsten Seite ist der Filmbildungsprozess schmatisch dargestellt. Die Abhängigkeit der Schichtdicke von der Konzentration (und somit indirekt der Viskosität η), der Ausziehgeschwindigkeit U_0 und dem Ausziehwinkel für newtonsche Flüssigkeiten wurde schon 1969 von H. Schroeder [11] empirisch untersucht. Newtonsche Flüssigkeiten sind dabei solche Flüssigkeiten, deren Viskosität linear abhängig vom Geschwindigkeitsgradienten ist. Die Schichtdicke nahm hierbei erwartungsgemäß bei einer höheren Konzentration zu. Ebenso nahm die Schichtdicke bei höherer Ausziehgeschwindigkeit zu. Bei einer höheren Ausziehgeschwindigkeit wird mehr Sol „mitgerissen" und die Möglichkeit, wieder zurück in das Vorratsgefäß abzulaufen ist geringer.

Mathematisch wurde die Abhängigkeit der Schichtdicke von verschiedenen Faktoren von Landau und Levich [50] beschrieben.

$$h = 0,94 \frac{(\eta U_0)^{2/3}}{\gamma_{LV}^{1/6}(\rho g)^{1/2}} \quad (3.5)$$

U_0 ist dabei die Ausziehgeschwindigkeit, $\gamma_{LV}^{1/6}$ das Verhältnis zwischen Reibungswiderstand und Oberflächenspannung, ρ die Viskosität des Sols und g die Erdschwerebeschleunigung.

Die Gleichung (3.5) gilt vor allem für Fälle, in denen die Viskosität und die Ausziehgeschwindigkeit gering ist. Eine vereinfachte Form, die für höhere Viskosität und Ausziehgeschwindigkeit gültig ist, wurde von L. E. Scriven [51] beschrieben.

$$h = c_1 \left(\frac{\eta U_0}{\rho g}\right)^{1/2} \quad (3.6)$$

Die Konstante c_1 ist dabei ungefähr 0,8 für Newtonsche Flüssigkeiten.

Brinker et al. [25] berücksichtigen auch die gleichzeitig stattfindende Verdunstung des Lösungsmittels. Die Verdampfungsgeschwindigkeit $E(x)$

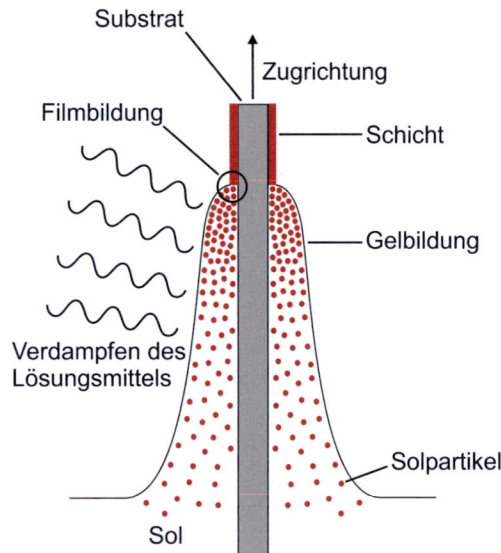

Abbildung 3.3: Schematische Darstellung der *dip coating* Technik.

kann mit folgender Gleichung (3.7) berechnet werden.

$$E(x) = -D_V \, a_1 \, x^{-1/2} \tag{3.7}$$

D_V ist der Diffusionskoeffizient des Lösungsmitteldampfes ($\sim 0,1 cm^2/s$) und a_1 eine Konstante.

Die so hergestellten Schichten müssen anschließend eingehend charakterisiert werden. Hierfür kommen eine Vielzahl an oberflächensensitiven Methoden in Frage, wobei in dieser Arbeit der Schwerpunkt auf die Photoelektronenspektroskopie gelegt wird. Eine kurze Einführung zur Photoelektronenspektroskopie folgt daher im nächsten Abschnitt.

3.4 Photoelektronenspektroskopie (XPS)

Die Photoelektronenspektroskopie hat seit ihrer Einführung einen sehr großen Stellenwert in der Analyse und Charakterisierung von Oberflächen eingenommen. Durch die permanente Weiterentwicklung sowohl auf der apparativen als auch auf der Seite der Auswertung und Theorie ist sie zu einer vielseitigen Analysemethode geworden. Es wurden auch einige Bücher [52–55] und mehrere Übersichtsartikel [56–60] über die Photoelektronenspektroskopie verfasst. Im folgenden Abschnitt werden die Grundzüge der Photoelektronenspektroskopie erläutert.

Die Grundlage der XPS/ESCA ist der äußere photoelektrische Effekt, der von Hertz [61] und Hallwachs [62] zwischen 1886 und 1888 eingehender untersucht wurde. Beim äußeren photoelektrischen Effekt werden Elektronen durch Bestrahlung mit elektromagnetischer Strahlung kurzer Wellenlänge (Röntgenstrahlung) freigesetzt. Diese Elektronen besitzen eine für das Element und auch den chemischen Zustand des Elementes charakteristische kinetische Energie. Durch die Bestimmung dieser kinetischen Energie kann das Element und dessen chemische Eigenschaften wie z. B. der Oxidationszustand bestimmt werden. In Abbildung 3.4 auf der nächsten Seite ist der äußere photoelektrische Effekt schematisch dargestellt.

In dieser Abbildung ist auch der Augerprozess als Folgeprozess dargestellt. Bei diesem nach seinem Entdecker P. Auger [63] benannten Prozess[1] wird ein Elektron als Konsequenz eines strahlungslosen Überganges eines Elektrons in der Elektronenhülle emittiert. Da beim äußeren photoelektri-

---
[1] L. Meitner hatte diesen Effekt bereits 1922 [64] beschrieben.

KAPITEL 3. LITERATUR UND THEORIE

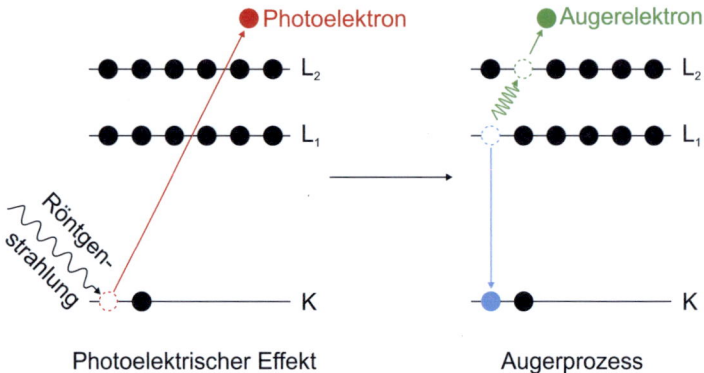

Abbildung 3.4: Schematische Darstellung des äußeren photoelektrischen Effektes (links) und den darauf folgenden Augerprozess (rechts).

schen Effekt ein Elektron aus den kernnahen Schalen freigesetzt wird, kann ein weiteres Elektron aus einem höheren Energieniveau diese Vakanz auffüllen. Die dabei frei werdende Energie kann als charakteristische Röntgenstrahlung abgegeben werden. Beim Augerprozess wird diese Energie jedoch auf ein anderes Elektron übertragen, welches das Atom dann als Augerelektron verlässt. Die kinetische Energie dieses Augerelektrons ist wiederum elementspezifisch und kann ebenso zur Charakterisierung verwendet werden.

Albert Einstein stellte 1905 [65] in einer seiner fünf viel beachteten Publikationen das nach ihm benannte *Einsteinsche Frequenzgesetz*[2] auf. Die Gleichung (3.8) auf der nächsten Seite war für die damalige Zeit revolutionär, da Einstein als einer der ersten annahm, dass elektromagnetischer Strahlung wie auch Elektronen sowohl korpuskulare als auch Wellennatur zugeschrieben werden muss. Die linke Seite der Gleichung (3.8) auf der nächsten Seite $(h \cdot \nu)$ entspricht dabei der Energie eines einfallenden Lichtquants. Diese ist identisch mit der kinetischen Energie E_k, die das Elektron durch die Adsorption des Lichtquantes gewinnt. Die Elektronenaustrittsarbeit, die den Energieverlust des Elektrons beim Verlassen des Elementes

---

[2] A. Einstein erhielt für diese Arbeit den Nobelpreis und nicht, wie sehr häufig angenommen, für seine allgemeine und spezielle Relativitätstheorie. Sie war im Grunde der Anfang der Quantenphysik, zu der Einstein Zeit seines Lebens eine zwiespältige Meinung besaß (*Gott würfelt nicht!*).

3.4. PHOTOELEKTRONENSPEKTROSKOPIE (XPS)

darstellt, wird als $e \cdot \phi$ mit dem Elektronenaustrittspotential ϕ dargestellt.

$$h \cdot \nu = E_k + e \cdot \phi \tag{3.8}$$

Die Elektronenaustrittsarbeit entspricht dabei der Bindungsenergie E_B des Elektrons, welches aus dem Element herausgeschlagen wurde. Die Gleichung (3.8) kann dementsprechend zur Gleichung (3.9) vereinfacht werden, die die heutzutage gültige Gleichung für die Photoelektronenspektroskopie darstellt.

$$E_K = h \cdot \nu - E_B \tag{3.9}$$

Nachdem die Theorie der Photoelektronenspektroskopie bekannt war, wurden erst Ende der Sechziger Jahre des 20. Jahrhunderts erste kommerziell erwerbliche Geräte vorgestellt. Insbesondere die Arbeiten von Siegbahn et al. [66–76] halfen der Photoelektronenspektroskopie zum Durchbruch. Ihnen gelang es als erste, mit Hilfe der Spektren die Bindungsenergie der Elektronen genau zu bestimmen und damit die Verknüpfung zum Zustand des zu untersuchenden Elements herzustellen. Insbesondere die Möglichkeit, durch Vergleiche der Bindungsenergie und der daraus resultierenden chemischen Verschiebung auf der Bindungsenergieskala ähnlich der NMR-Spektroskopie erweiterte das Anwendungsfeld enorm. Siegbahn et. al. führten ebenso Gleichung (3.10) ein.

$$\Delta E = q_A k + \sum_{A \neq B} \frac{q_B}{R_{AB}} \tag{3.10}$$

Die chemische Verschiebung der Energie des emittierten Photoelektrons (ΔE) ist dementsprechend abhängig von der Partialladung am entsprechenden Emitteratom (q_A), der durchschnittlichen Wechselwirkung eines Valenzelektrons mit dem Kern (k) und dem Abstand zwischen den Atomkernen A und B (R_{AB}). Diese Gleichung ist jedoch nur eine grobe Näherung, da sie von punktförmigen Ladungen ausgeht. Effekte, die im Grundzustand die Bindungsenergie des Photo- und auch des Augerelektrons beeinflussen, werden *initial state* Effekt genannt. Die Gleichung (3.10) ist ein Versuch, den *initial state effect* mit Hilfe eines sehr einfachen Punktladungsmodells zu beschreiben. Das ionisierte System hat jedoch weitere Möglichkeiten wie z. B. inter- und intramolekulare Relaxation und eine damit einhergehende Veränderung der Geometrie, um die Elektronenvakanz auszugleichen. Die gemessenen Bindungsenergien erfahren auch dadurch eine chemische Verschiebung, die die durch den *initial state* Effekt beeinflusste chemische

Verschiebung verstärken oder aber auch kompensieren können. Dieser Effekt wird *final state* Effekt genannt. Es wurde schon früh erkannt, dass das Augerelektron aufgrund seiner Natur als Sekundärelektron viel stärker von *final state* Effekten beeinflusst wird [77–79]. Als Sekundärelektron ist es abhängig von der ersten Elektronenvakanz, die schon durch *final state* Effekte in der Energie verändert werden kann. Zusätzlich sind Augerelektronen meist Elektronen aus äußeren Schalen im Gegensatz zu den Photoelektronen, die aus kernnahen Schalen herausgeschlagen werden. Diese sind aufgrund der Größe des von ihnen besetzen Orbitals und ihrem Abstand zum Kern besser polarisierbar und reagieren stärker auf Veränderungen in der intermolekularen Struktur und der Umgebung, die z. B. mit einer intermolekularen Relaxation einher gehen. Sowohl der *initial* als auch der *final state* Effekt wurden eingehend untersucht [80–89].

Wagner et al. führten 1975 [79, 90], motiviert durch die bis zu diesem Zeitpunkt bekannten Ergebnisse sowohl theoretischer als auch praktischer Natur den Augerparameter α ein. Sie definierten den Augerparameter α als Differenz der kinetischen Energie des schmalsten Augersignals ($E_K(AE)$) und des intensivsten Photoelektronensignals ($E_K(PE)$). Problematisch dabei waren jedoch die negativen Werte, die ebenso auftreten konnten. Es wurde daher ein willkürlicher Wert c addiert.

$$\alpha = E_K(AE) - E_K(PE) + c \qquad (3.11)$$

1977 folgte dann die Einführung des so genannten zweidimensionalen Wagnerplots [91], in dem die kinetische Energie der entsprechenden Elektronen auf der Abzisse (Photoelektron) und der Ordinate (Augerelektron) aufgetragen sind. Der Augerparameter wird dann als Gerade, die parallel zueinander mit der Steigung +1 angeordnet sind, dargestellt. Gaarenstrom und Winograd [85] modifizierten den Augerparamter, indem sie die Bindungsenergie für das Photoelektronensignal und die kinetische Energie für das Augerelektronensignal verwendeten. Wagner nahm diese Modifikation auf und führte 1979 den modifizierten Augerparameter α' (siehe Gleichung (3.14) auf der nächsten Seite) ein. Ein zusätzlicher Vorteil ergibt sich, da dadurch der modifizierte Augerparameter α' unabhängig von der Energie der Röntgenstrahlung und auch der Aufladung bei nichtleitenden Proben ist. Die

3.4. PHOTOELEKTRONENSPEKTROSKOPIE (XPS)

Gleichung für die Berechnung des Augerparameters

$$\alpha = E_K(AE) - E_K(PE) + c \qquad (3.12)$$

in Beziehung gesetzt mit der Gleichung für die Photoelektronenspektroskopie

$$E_K = h \cdot \nu - E_B \qquad (3.13)$$

beschreibt den modifizierten Augerparameter α'.

$$\alpha + h \cdot \nu = E_K(AE) + E_B(PE) = \alpha' \qquad (3.14)$$

Im Wagnerplot wird dann auf der Abzisse die Bindungsenergie des Photoelektrons absteigend, auf der Ordinate die kinetische Energie des Augerelektrons aufsteigend aufgetragen. Der modifizierte Augerparameter wird ebenso mit parallel zueinander angeordneten Geraden mit der Steigung +1 dargestellt. Im Abschnitt 4.5 auf Seite 79 sind mehrere Wagnerplots dargestellt. Mit Hilfe des Wagnerplots und des modifizierten Augerparameter α' können sowohl die Verwandtschaft von verschiedenen untersuchten Proben bzw. eine Einordnung in ein System von Referenzsubstanzen als auch die Relaxation/der Einfluss von *final state* Effekten qualitativ bestimmt werden. Insbesondere strukturell sehr ähnliche Proben haben in der Regel einen ähnlichen modifizierten Augerparamter. Wagner selbst [56] und Moretti [58] haben zum Wagnerplot und dem modifizierten Augerparameter α' einen Übersichtsartikel verfasst.

Die Photoelektronenspektroskopie bietet dementsprechend viele Möglichkeiten, Oberflächen zu charakterisieren und nimmt daher einen Schwerpunkt in dieser Arbeit ein. Die Ergebnisse werden im folgenden Kapitel näher erläutert.

Kapitel 4

Ergebnisse und Diskussion

4.1 Vergleichssubstanzen

Der Vergleich der entsprechenden spektroskopischen Daten mit Daten bekannter Verbindungen ist eine gute Möglichkeit, um unbekannte Verbindungen zu charakterisieren. Die Verwendung von Referenzsubstanzen bzw. eine Bibliothek an spektroskopischen Daten von bekannten Verbindungen ist in vielen Disziplinen der Spektroskopie ein oft angewandtes Hilfsmittel, um unbekannte Proben einordnen zu können. Die Charakterisierung kann sowohl quantitativ, d. h. in ihrer relativen Zusammensetzung, und auch qualitativ, was wiederum die Struktur/den Aufbau der Verbindung bedeutet, erfolgen. Somit ist die Qualität der Referenzdatenbibliothek von immenser Wichtigkeit und die Vergleichbarkeit mit den spektroskopischen Daten der unbekannten Verbindung unabdingbar.

Insbesondere die Elektronenspektroskopie zur chemischen Analyse (ESCA) profitiert von einer hochwertigen Referenzdatenbibliothek. Der Vergleich von Bindungsenergien (BE/E_B) der Photoelektronen und der kinetischen Energie (KE/E_K) der Augerelektronen liefert eine Übersicht über den chemischen Zustand der zu untersuchenden Elemente. Die graphische Darstellung in einem Wagnerplot erlaubt eine Einordnung der untersuchten Verbindungen im Vergleich zur Position von bekannten Verbindungen. Dabei muss jedoch immer berücksichtigt werden, dass ESCA aufgrund der geringen mittleren freien Weglänge der emittierten Elektronen eine oberflächensensitive Methode ist.

Ein Vergleich mit den vom *National Institut of Standards and Techno-*

logy (NIST)[1] im Internet bereit gestellten spektroskopischen Daten ist in vielen Fällen ausreichend. In diesem Fall jedoch sind wenig Daten für das System Aluminium-Fluor-Sauerstoff vorhanden. In der öffentlich zugänglichen Version 3.5 der NIST-Datenbank sind spektroskopische Daten für $AlF_3 \cdot 3\,H_2O$ von Nefedov et al. [92, 93] (BE für das F 1s Elektron) und für nicht weiter spezifiziertes AlF_3 von McGuire et al. [94] (BE für das Al 2s und Al 2p Elektron), Strohmeier [95] (BE für das Al 2p Elektron) und Castle et al. [96] (Augerparameter) aufgeführt. Der Vergleich mit diesen Daten ist jedoch schon alleine aufgrund der fehlenden Information zur Spektrometerkalibration nicht zu empfehlen. Zusätzlich fehlen teilweise die Angaben zur verwendeten Röntgenquelle bzw. die Art der Auladungskorrektur. Die verschiedenen Aluminiumfluoridphasen und auch die Aluminiumhydroxidfluoride sind überhaupt nicht in der NIST-Datenbank aufgeführt.

Neben den Referenzdaten, die in der NIST-Datenbank aufgelistet werden, sind vor allem die Arbeiten von Böse et al. [97, 98] und Hess et al. [99] von Interesse. In der Arbeit von Hess [99] und einer von Böse [97] wurde der Aktivierungsprozess bzw. die Bildung von katalytisch aktiven Zentren bei der Gasphasenfluorierung von Aluminiumoxiden mit $CHClF_2$ (R22) untersucht. Hess und Böse nutzen das nach einer Vorschrift von Menz et al. [100] synthetisierte Aluminiumhydroxidfluorid $(AlF_{2,3}(OH)_{0,7})$ sowie $\alpha\text{-}AlF_3$ und $\beta\text{-}AlF_3$ als Referenzsubstanz. Für die Ladungskorrektur, die bei nichtleitenden Proben unumgänglich ist, benutzte Hess das C1s-Signal (284,8 eV). Böse nutze sowohl das C1s-Signal als auch die von Unger et al. [101, 102] entwickelte und von ihm [103] verfeinerte Methode. Hierbei werden Goldpartikel auf der Oberfläche hochdispers und hinreichend klein abgeschieden, die durch ihre Verteilung und Größe dieselbe Aufladung erfahren wie die eigentliche Probe. Die exakte Bindungsenergie des Au $4f_{7/2}$ Orbitals wurde schon in der Norm ISO 15472:2001, die auch die Grundlage für die Spektrometerkalibration ist (siehe auch Abschnitt A.3.1 auf Seite 87), festgelegt.

Für das in dieser Arbeit untersuchte System wurden α-, β-, η-, ϑ- und $\kappa\text{-}AlF_3$, welche alle bis heute bekannten Phasen des Aluminiumfluorids darstellen, und verschiedene Aluminiumhydroxidfluoride als Referenzsysteme verwendet und charakterisiert. Die Aluminiumhydroxidfluoride wurden in demselben Stoffmengenverhältnis, welche auch R. König [22, 104, 105] untersucht hat, als Referenzsystem untersucht. Die Ladungskorrektur wurde

---

[1] http://srdata.nist.gov/xps/ Version 3.5 zuletzt aufgerufen am 19. 1. 2010

4.1. VERGLEICHSSUBSTANZEN

sowohl mit Hilfe des C1s-Signals (285 eV) wie auch mit dem Au $4f_{7/2}$-Signals (84 eV) durchgeführt. Das C1s-Signal wurde dabei auf 285 eV fest gesetzt, da Erfahrungen auch von O. Böse gezeigt haben, dass katalytisch aktive Proben die Bindungsenergie des Kohlenstoffes zu höheren Werten verschiebt. Dort, wo es die Probenpräparation zuließ, wurde die Ladung auch mit dem Au $4f_{7/2}$-Signal bei 84 eV korrigiert. Diese Ladungskorrektur ist aufgrund der unterschiedlichen Kohlenstoff-Fluor-Verbindungen, die bei der Präparation vieler untersuchten Proben zwangsläufig entstehen, einfacher und genauer durchführbar. Der Vergleich der so erhaltenen Sätze an Bindung- und kinetischen Energien lässt dann Rückschlüsse über die Güte zu. Eine Übersicht über die durch beide Verfahren erhaltenen Aufladungskorrekturen ist in Tabelle 4.1 auf der nächsten Seite aufgeführt. Insbesondere die Differenz beider Aufladungskorrekturen beträgt bis auf eine Ausnahme ungefähr 0,5 eV. Dies zeigt, dass die Ladungskorrektur mit dem C1s-Signal in sich konsistent beim Vergleich der unterschiedlichsten Proben ist. Um eine Vorstellung über mögliche katalytisch aktive Spezies zu bekommen, wurde außerdem Aluminiumchloridfluorid (ACF) untersucht. ACF ist hinreichend verwandt mit den hier untersuchten Systemen und zeigt z. B. in Hinblick auf die Reaktivität bei der Isomerisierung von 1,2-Dibromhexafluoropropan zu 2,2-Dibromhexafluoropropan (siehe auch Abschnitt A.4.3 auf Seite 92) sehr ähnliche Eigenschaften und Umsätze wie *HS*-AlF$_3$. Die von Böse et al. untersuchten in der Gasphase nachfluorierten Aluminiumoxide werden in dieser Arbeit nicht weiter berücksichtigt. Ihre Verwandtschaft zu den hier untersuchten Systemen ist zu gering, als dass sich eine Berücksichtigung lohnen würde.

4.1.1 Aluminiumfluoride

Alle bisher bekannten Phasen des Aluminiumfluorids (α-, β-, η-, ϑ- und κ-AlF$_3$) wurden mit Hilfe der ESCA untersucht. Der Hersteller und der Reinheitsgrad bzw. die Synthese der verschiedenen Aluminiumfluoridphasen sowie wichtige andere analytische Ergebnisse werden in Abschnitt A.2 auf Seite 86 respektive Abschnitt A.5.5 auf Seite 97 aufgeführt. Die Ladungskorrektur wurde für alle Aluminiumfluoridphasen sowohl mit Hilfe des C1s-Signals (285 eV) als auch des Au $4f_{7/2}$-Signals (84 eV) durchgeführt. Die Aufladungskorrektur für alle Spektren und damit auch für die aufgeführten Bindungs- und kinetischen Energien wurde in diesem Abschnitt ausnahms-

Tabelle 4.1: Vergleich der Aufladungskorrekturen

Phase	Aufladung C 1s [eV]	Aufladung Au $4f_{7/2}$ [eV]	Δ Aufladung [eV]
α-AlF$_3$	6,1	5,6	0,5
β-AlF$_3$	8,7	8,2	0,5
η-AlF$_3$	4,7	4,0	0,7
ϑ-AlF$_3$	7,4	6,9	0,5
κ-AlF$_3$	8,1	7,1	1,0

los mit Hilfe des Au $4f_{7/2}$-Signals (84 eV) durchgeführt. Um einen Vergleich mit weiteren Substanzen und den Schichtsystemen ohne Nano-Goldpartikel Deposition zu gewährleisten, wurde für alle Aluminiumfluoridphasen auch das C 1s-Signal für die Ladungskorrektur benutzt. In diesem Abschnitt wird auf die Auflistung dieser Daten bewusst verzichtet, da diese in den folgenden Abschnitten noch dargelegt werden. In Tabelle 4.1 sind die jeweiligen Aufladungskorrekturen und die Differenz zwischen beiden zusammengefasst, wobei $\Delta Aufladung = Aufladung(\text{C 1s}) - Aufladung(\text{Au } 4f_{7/2})$ ist.

Die F 1s- und Al 2p-Detailspektren wurden, wie für alle Detailspektren, mit dem Programm Unifit 2004 ausgewertet. Details zu der Auswerteprozedur werden in Abschnitt A.3.1 auf Seite 87 aufgeführt.

Die ESCA-Übersichtsspektren aller Aluminiumfluoride sind in Abbildung 4.1 auf der nächsten Seite zusammengefasst. Die Ergebnisse der quantitativen Analyse und einige ausgewählte Bindungs- und kinetische Energien werden in Tabelle 4.3 auf Seite 31 respektive Tabelle 4.2 auf Seite 30 und Tabelle 4.4 auf Seite 35 aufgeführt. Das F 1s- und F $KLL_{23}L_{23}$-Signal konnten bis auf wenige Ausnahmen nicht mit einer Fluorspezies beschrieben werden. Daher wurde die Bindungsenergie für das F 1s- und die kinetische Energie für das F $KLL_{23}L_{23}$-Signal dabei mit Hilfe des Maximums der einhüllenden Summenkurve bestimmt, um einen Vergleich mit den in der Literatur bekannten Energien zu gewährleisten.

Neben den zu erwartenden Elementen Aluminium und Fluor sind in allen Aluminiumfluoridphasen Sauerstoff, Stickstoff und Kohlenstoff vorhanden. Natrium (α- und κ-AlF$_3$), Kalium (κ-AlF$_3$) und Chlor (η-AlF$_3$) sind zusätzlich in einigen Phasen in Spuren vorhanden. Das Vorhandensein von Chlor im η-AlF$_3$ verwundert nicht, da die Synthese (siehe Abschnitt A.5.5 auf Seite 97) von Aluminiumchloridfluorid (ACF) ausgeht. Während der Synthese wird auch Aluminiumtrichlorid gebildet, welches auch in geringen Mengen

4.1. VERGLEICHSSUBSTANZEN

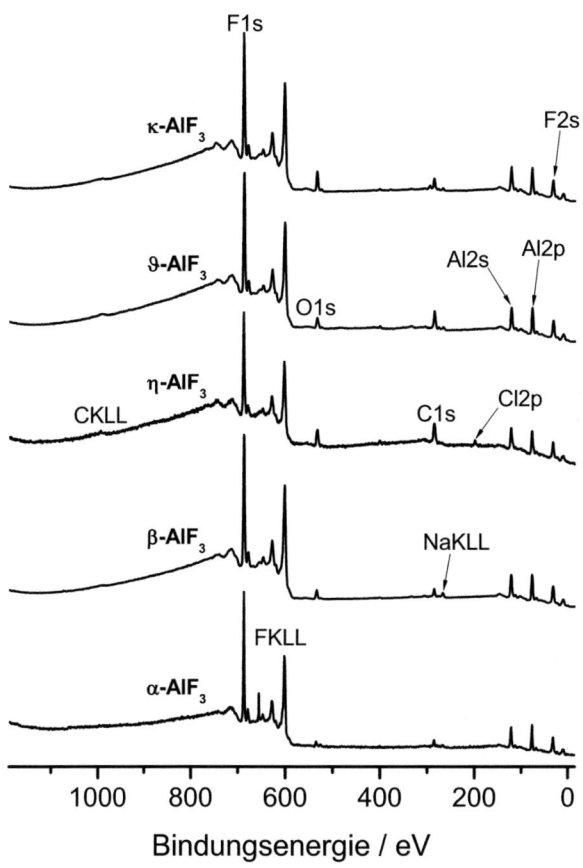

Abbildung 4.1: XPS-Übersichtsspektren für α-, β-, η-, ϑ- und κ-AlF$_3$. Die Fixierung der Pulverproben erfolgte mit doppelseitigem Klebeband und die Anregung mit Mg K$_\alpha$-Strahlung.

Tabelle 4.2: Zusammenfassung der quantitativen Analyse der XPS-Übersichtsspektren für die Aluminiumfluoridphasen

Phase	Al [%]	C [%]	F [%]	O [%]	Sonstiges [%]	Verhältnis F : Al	O : Al
α-AlF$_3$	24	8	63	3	N (<1)Na (<1)	2,6	0,1
β-AlF$_3$	25	9	61	4	N (<1)	2,4	0,2
η-AlF$_3$	21	21	44	10	N (3) Cl (1)	2,1	0,5
ϑ-AlF$_3$	23	15	56	6	N (<1)	2,4	0,3
κ-AlF$_3$	24	9	56	8	N (<1) Na (<1) K (<1)	2,3	0,3

im η-AlF$_3$ enthalten ist. Die zwei verschiedenen Spezies, die aus dem Al 2p-Detailspektrum ersichtlich sind (siehe Abbildung 4.2 auf Seite 32), lassen sich so auch erklären. Natrium und Kalium sind oft verwendete Bestandteile in Standard-Laborglas und können sich, begünstigt durch die Bildung von HF während der Synthese, aus der Glaswand herausgelöst haben. Die Anteile von Natrium und Kalium liegen in allen Phasen unter 1 %, so dass sie vernachlässigbar sind. Stickstoff wurde teilweise als Schutz- und/oder Trägergas z. B. bei der Synthese von ACF eingesetzt. Der teilweise hohe Kohlenstoffanteil erklärt sich durch die Synthese der Edukte und der Aluminiumfluoridphasen (Abschnitt A.5.5 auf Seite 97).

Das Verhältnis Al : F entspricht bei keiner Aluminiumfluoridphase genau dem zu erwartenden von 1 : 3. Selbst beim kommerziell erworbenen α-AlF$_3$ ist das Verhältnis mit 1 : 2,6 zu niedrig. Da die XPS eine oberflächensensitive Methode ist, dürften durch Hydrolyse entstandene Hydroxidgruppen an der Oberfläche das Verhältnis Aluminium zu Fluor beeinflussen. Insbesondere η-AlF$_3$ zeigt das niedrigste Fluor zu Aluminium-Verhältnis, während im Gegenzug das Verhältnis von Sauerstoff zu Aluminium am höchsten ist. Die nicht kommerziell sondern selbst hergestellten Phasen haben zudem auch höhere Stickstoff- und Kohlenstoffanteile. Dies kann ebenso durch den Austausch von Fluorid-Liganden mit organischen Resten, die durch die Synthese unvermeidlich sind, erklärt werden. Damit einhergehend wird das Verhältnis von Fluor zu Aluminium verringert.

Die wichtigsten Bindungsenergien (Al 2s, Al 2p und F 1s) unterscheiden sich für die Aluminiumfluoridphasen maximal um 1 eV. α-AlF$_3$ markiert die untere, κ-AlF$_3$ die obere Grenze bezogen auf die Bindungsenergien für das Aluminium. Beim Fluor bilden ϑ-AlF$_3$ die untere und η-AlF$_3$ die obere

Tabelle 4.3: Zusammenfassung der mit der XPS bestimmten Bindungs- und kinetischen Energien der Aluminiumfluoridphasen für Aluminium; die Hauptspezies ist fett markiert und der mod. Augerparamter α' wurde nur für diese bestimmt; die entsprechende Halbwertsbreite (FWHM) steht in Klammern; Ladungsreferenz: Au $4f_{7/2}$ (84 eV)

Phase	E_B (FWHM) Al 2s [eV]	Al 2p [eV]	E_{kin} Al KLL [eV]	α' [eV]
α-AlF$_3$	122,3 (2,8)	77,4 (1,9)	1382,4	1459,8
β-AlF$_3$	122,7 (3,8)	77,8 (3,1)	1381,8	1459,6
η-AlF$_3$	**123,1 (3,5)**	**78,3 (3,5)**	1381,3	1459,6
	119,8 (3,5)	74,7 (3,5)		
ϑ-AlF$_3$	122,3 (3,5)	77,4 (3,4)	1382,4	1459,8
κ-AlF$_3$	**122,1 (3,7)**	**78,3 (2,7)**	1381,4	1459,7
	120,4 (3,7)	76,2 (2,8)		

Grenze.

Die von O. Böse [98] bestimmten Bindungsenergien für α-AlF$_3$ (Al 2p = 77,3 eV, Al 2s = 122,0 eV und F 1s = 687,8 eV) und β-AlF$_3$ (Al 2p = 77,5, eV, Al 2s = 122,3 eV und F 1s = 687,9 eV) stimmen sehr gut mit den in dieser Arbeit aufgeführten Bindungsenergien überein.

Die F 1s-Detailspektren zeigen eindeutig eine Asymmetrie des Signals, welches den Schluss nahe legt, dass es sich hierbei um mehrere Fluorspezies handelt. Diese Asymmetrie wurde auch schon von A. Hess [99] am Rande erwähnt. Auch in den von O. Böse [97] untersuchten Proben ist eine Asymmetrie zu erkennen. Beide Autoren gehen jedoch nicht detailliert auf diesen Befund ein.

Unter Berücksichtigung der Kristallstrukturen (siehe Abbildung 4.4 auf Seite 34) der verschiedenen Aluminiumfluoridphasen wird deutlich, dass es je nach Phase kristallographisch unterschiedliche Aluminiumkationen und Fluoridanionen gibt.

In ihrer Grundstruktur bestehen alle Aluminiumfluoridphasen aus eckenverknüpften Oktaedern, die je nach Phase entweder Drei-, Vier-, Fünf- oder Sechsecke aufspannen, die auch zu einer Kanalstruktur kombiniert werden können. Die Aluminiumfluoridphasen β- und η-AlF$_3$[2] bilden z. B. eine sechs-

---

[2] η-AlF$_3$ ist isotyp zu Al(F,OH)$_3$. Die Kristallstruktur wurde über die von Cowley und Scott [106] bestimmten Kristallstruktur für Al(F,OH)$_3$ · H$_2$O generiert. Die Parameter der Einheitszelle wurden angepasst und die zusätzlichen H$_2$O-Einheiten entfernt.

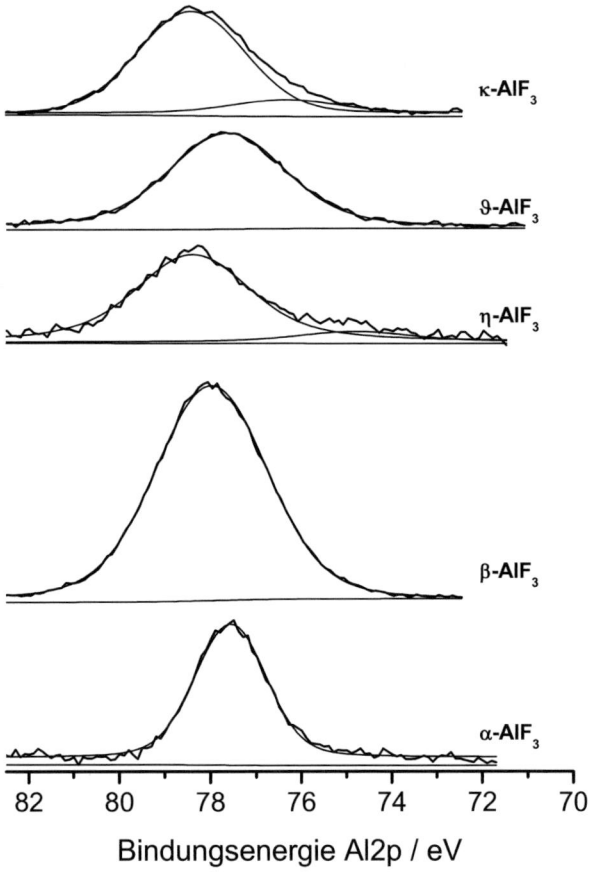

Abbildung 4.2: XPS Al 2p-Detailspektren für α-, β-, η-, ϑ- und κ-AlF$_3$. Die Fixierung der Pulverproben erfolgte mit doppelseitigem Klebeband und die Anregung mit Mg K$_\alpha$-Strahlung.

4.1. VERGLEICHSSUBSTANZEN

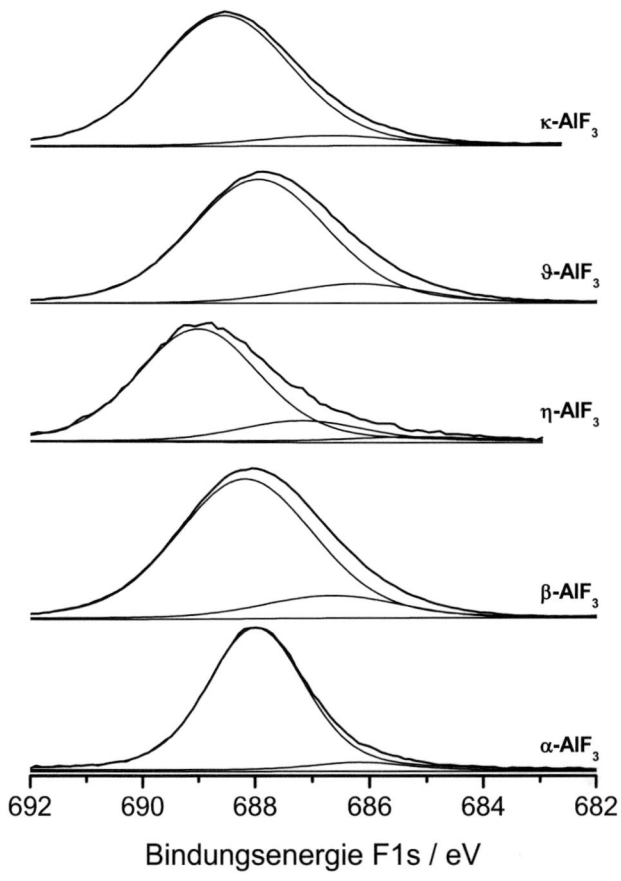

Abbildung 4.3: XPS F 1s-Detailspektren für α-, β-, η-, ϑ- und κ-AlF$_3$. Die Fixierung der Pulverproben erfolgte mit doppelseitigem Klebeband und die Anregung mit Mg K$_\alpha$-Strahlung.

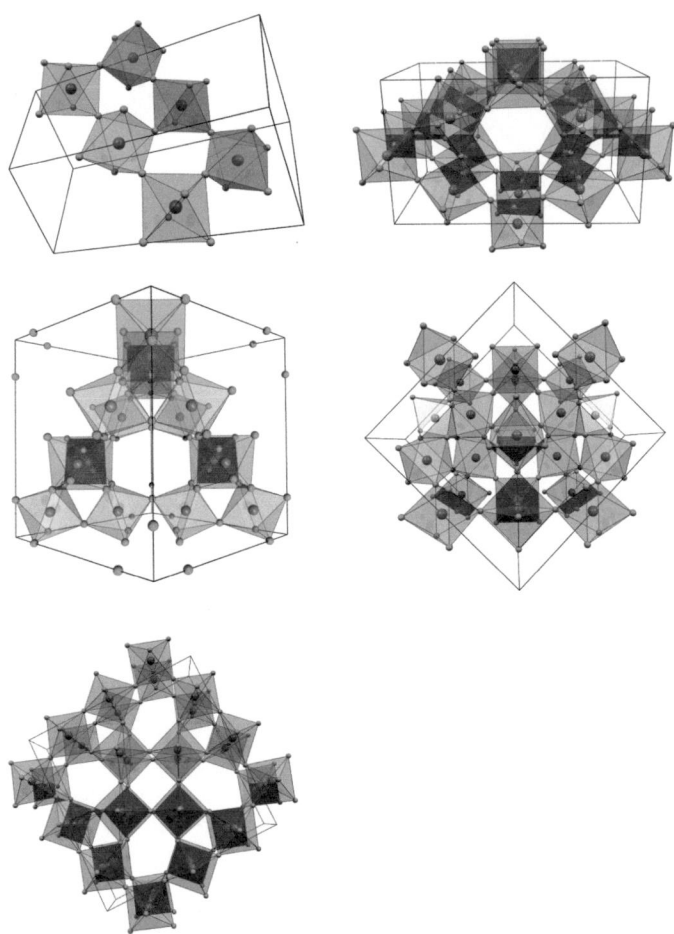

Abbildung 4.4: Kristallstrukturen der untersuchten Aluminiumfluoridphasen; grüne Ellipsoide: Fluor, graue Ellipsoide: Aluminium; oben links: α-AlF$_3$, oben rechts: β-AlF$_3$, mitte links: η-AlF$_3$, mitte rechts: ϑ-AlF$_3$, unten links: κ-AlF$_3$.

4.1. VERGLEICHSSUBSTANZEN

Tabelle 4.4: Zusammenfassung der mit der XPS bestimmten Bindungs- und kinetischen Energien der Aluminiumfluoridphasen für Fluor; die Hauptspezies ist fett markiert und der mod. Augerparamter α' wurde nur für diese bestimmt; die entsprechende Halbwertsbreite (FWHM) steht in Klammern; Ladungsreferenz: Au $4f_{7/2}$ (84 eV)

Phase	E_B (FWHM) F 1s [eV]	E_{kin} F KLL [eV]	α' [eV]
α-AlF$_3$	**687,9 (2,3)**	651,4	1339,3
	686,2 (2,3)		
β-AlF$_3$	**688,2 (3,1)**	651,2	1339,4
	686,7 (3,1)		
η-AlF$_3$	**689,1 (2,8)**	650,5	1339,6
	687,3 (2,8)		
	685,2 (2,8)		
ϑ-AlF$_3$	**687,9 (3,1)**	651,7	1339,6
	686,2 (3,1)		
κ-AlF$_3$	**688,5 (3,1)**	651,0	1339,5
	686,7 (3,1)		

eckige, κ-AlF$_3$ eine fünfeckige Kanalstruktur aus. Im Gegensatz dazu besitzen α- und ϑ-AlF$_3$ keine Kanalstruktur. Je nach Struktur und Ordnung bilden sich so kristallographisch unterschiedliche Aluminiumkationen und Fluoridanionen. Ein kurzer Überblick über die Anzahl verschiedener Al- und F-Spezies ist in Tabelle 4.5 auf der nächsten Seite, die verwendeten PDF-Referenzen in Tabelle A.3 auf Seite 93 aufgeführt. Bis auf α- und η-AlF$_3$ besitzen alle Aluminiumfluoridphasen mehrere unterschiedliche Aluminiumkationen und Fluoridanionen. Diese unterscheiden sich vor allem durch ihre Bindungslängen bzw. Abstände zu den jeweilig benachbarten Atomen untereinander, was wiederum einen direkten Einfluss auf die elektronische Struktur und somit auch auf die Bindungsenergie der Photoelektronen hat. Damit lassen sich die asymmetrischen Photoelektronensignale für Aluminium und Fluor erklären.

Zusätzlich kann auch an der Oberfläche der Aluminiumfluoridphasen ein Austausch von Fluor gegen Sauerstoff oder OH-Gruppen erfolgen, womit sich die elektronische Struktur nachhaltig ändert. Die Fluoridanionen haben alle – da die Oktaeder komplett über die Ecken miteinander verknüpft sind (siehe Abbildung 4.4 auf der vorherigen Seite) – verbrückenden Charakter. Sobald jedoch ein Fluoridanion endständig an ein Aluminium-

Tabelle 4.5: Zusammenfassung der verschiedenen Aluminiumfluoridphasen und die dazugehörige Anzahl der kristallographisch unterschiedlichen Atome

Phase	Anzahl verschiedener Al-Spezies	F-Spezies	Literatur
α-AlF$_3$	1	1	Daniel et al. [108]
β-AlF$_3$	2	4	LeBail et al. [109]
η-AlF$_3$	1	1	Herron et al. [110]
ϑ-AlF$_3$	4	7	Herron et al. [110]
κ-AlF$_3$	2	5	Herron et al. [110]

kation gebunden ist, ändert sich sowohl für das Fluoridanion wie auch für das im Gegenzug jetzt nur noch fünffach koordinierte Aluminiumkation, zu dem das Fluoridanion eine Brückenfunktion einnahm, die elektronische Struktur. Dieses unterkoordinierte Aluminiumkation kann jetzt, da es eine hohe chemische Aktivität aufweisen sollte, mit dem in der Umgebung stets vorhandenen Wasser reagieren, indem es das Wasser entweder direkt anlagert oder aber infolge von Hydrolyse OH-Gruppen ausbildet. Makarowicz et al. [107] haben versucht, durch Berechnungen in Kombination mit XPS/XAES-Messungen diese endständigen Fluoridanionen zu bestimmen. Aufgrund des Kontaktes mit Wasser während der Synthese, des Transports und des Einschleusevorganges des von ihnen hergestellten *HS*-AlF$_3$, konnten sie jedoch keine wirklichen endständigen Fluoridanionen nachweisen. Auf die möglichen unterschiedlichen stöchiometrischen Zusammensetzungen der Oktaeder in Aluminiumfluoriden und Aluminiumhydroxidfluoriden wird im Laufe dieser Arbeit noch detaillierter eingegangen.

Insgesamt gibt es mehrere Möglichkeiten, die Asymmetrie der Photoelektronensignale zu begründen. Welche genau den größten Effekt besitzt, kann abschließend nicht sicher gesagt werden. Makarowicz et al. [107] haben zusätzlich noch versucht, durch *ab initio* DFT-Berechnungen der Oberfläche und Vergleich der errechneten Bindungsenergien für verschiedene Oberflächen mit experimentell bestimmten XPS-Daten, den Ursprung für die Asymmetrie bzw. die Zuordnung der verschiedenen Spezies zu eindeutigen Ionen zu bestimmen. Sie kamen jedoch zum Schluss, dass eine Zuordnung allein aufgrund von Berechnungen nicht möglich ist.

4.1. VERGLEICHSSUBSTANZEN

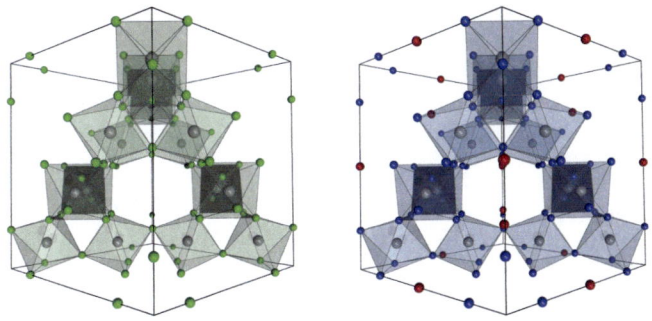

Abbildung 4.5: Kristallstrukturen von η-AlF$_3$ (links) und AlF$_{1,5}$(OH)$_{1,5}$ · H$_2$O (rechts); grüne Ellipsoide: Fluor, graue Ellipsoide: Aluminium; blaue Ellipsoide: F bzw. O (OH); rote Ellipsoide: O (H$_2$O).

4.1.2 Aluminiumhydroxidfluoride

Die Klasse der Aluminiumhydroxidfluoride wurde das erste Mal detailliert von Cowley und Scott [106] beschrieben und untersucht. Die von beiden bestimmten kristallographischen Daten wurden auch im Laufe dieser Arbeit dazu verwendet, um die Kristallstruktur von η-AlF$_3$ (siehe Abbildung 4.4 auf Seite 34 und Abbildung 4.5) zu bestimmen, da sowohl die Aluminiumhydroxidfluoride als auch diese Aluminiumfluoridphase in der Pyrochlorstruktur kristallisieren. In den Aluminiumhydroxidfluoriden werden je nach Zusammensetzung bzw. Verhältnis F : OH die Fluoridanionen gegen Hydroxidanionen ausgetauscht und vice versa. Zusätzlich sind in den Aluminiumhydroxidfluoriden Wassermoleküle in den Kanälen eingelagert, weswegen diese oft als Hydrate vorkommen. Die Wassermoleküle dürften dabei auch die Struktur durch Ausbildung von Wasserstoffbrückenbindungen stabilisieren. In Abbildung 4.5 sind sowohl η-AlF$_3$ als auch eine allgemeine Struktur der Aluminiumhydroxidfluoridhydrate gegenübergestellt. Dabei ist die Verwandtschaft beider Stoffe gut zu erkennen. Es verändert sich lediglich die Zusammensetzung und damit die Größe der Elementarzelle.

Die Aluminiumhydroxidfluoride sind wie die verwandten reinen Aluminiumfluoride aus eckenverknüpften Oktaedern aufgebaut. Die Zusammensetzung folgt der chemischen Formel AlF$_x$(OH)$_{3-x}$ wobei x größer als 0 und kleiner als 3 ist. In dieser Arbeit wurden Aluminiumhydroxidfluoride mit folgender Zusammensetzung untersucht:

- **Pulver1** – $AlF_{1,4}(OH)_{1,6} \cdot H_2O$
- **Pulver2** – $AlF_{1,7}(OH)_{1,3} \cdot H_2O$
- **Pulver3** – $AlF_{1,9}(OH)_{1,1} \cdot H_2O$
- **Pulver4** – $AlF_x(OH)_{3-x} \cdot zH_2O$ ($z \approx 1$; Edukt = $Al(OEt)_3$)
- **Pulver5** – $AlF_x(OH)_{3-x} \cdot zH_2O$ ($z \approx 1$; Edukt = $Al(O^iPr)_3$)

Die Synthesen der jeweiligen Aluminiumhydroxidfluoride sowie einige wichtige analytische Daten sind in Abschnitt A.5.4 auf Seite 96, Tabelle A.5 auf Seite 97 und Tabelle A.6 auf Seite 98 zusammengefasst. Die Aluminiumhydroxidfluoride $AlF_{1,4}(OH)_{1,6} \cdot H_2O$ (Pulver1) und $AlF_{1,7}(OH)_{1,3} \cdot H_2O$ (Pulver2) wurden nach einer Methode von König [104] direkt durch die Hydrolyse und gleichzeitige Abgabe des überschüssigen Lösungsmittels eines $AlF_x(O^iPr)_{3-x} \cdot y^iPrOH$-Gels an Luft in einer Petrischale, die Aluminiumhydroxidfluoride $AlF_x(OH)_{3-x} \cdot zH_2O$ (Pulver4 und Pulver5) durch die Hydrolyse eines vorher unter Inertbedingungen synthetisierten und getrockneten $AlF_x(OEt)_{3-x} \cdot yEtOH$- bzw. $AlF_x(O^iPr)_{3-x} \cdot y^iPrOH$-Xerogels an Luft synthetisiert. $AlF_{1,9}(OH)_{1,1} \cdot H_2O$ wurde nach einer von Menz [100] entwickelten Synthese hergestellt. Der Probe Pulver5 ($AlF_x(OH)_{3-x} \cdot zH_2O$) kommt dabei eine besondere Bedeutung zu, da sie aus einem Gel synthetisiert wurde, welches dem zur Beschichtung unterschiedlicher Substrate verwendeten Sol (siehe Abschnitt 4.3 auf Seite 59) sehr ähnlich ist.

In Tabelle 4.6 auf der nächsten Seite sind alle mit Hilfe der XPS bestimmten Zusammensetzungen der Aluminiumhydroxidfluoride im Vergleich zum α- und η-AlF_3 aufgeführt. Dabei repräsentiert α-AlF_3 die thermodynamisch günstigste, η-AlF_3 die mit den Aluminiumhydroxidfluoriden strukturell am nächsten verwandte Phase. Der prozentuale Anteil von Sauerstoff und somit auch das Verhältnis O : Al nimmt erwartungsgemäß von der Probe $AlF_{1,4}(OH)_{1,6} \cdot H_2O$ (Pulver1) zur Probe $AlF_{1,9}(OH)_{1,1} \cdot H_2O$ (Pulver3) ab. Eine genaue Aussage über die Zusammensetzung der Proben Pulver4 und Pulver5 ($AlF_x(OH)_{3-x} \cdot zH_2O$) kann nicht getroffen werden, da der Aluminiumgehalt elementaranalytisch nicht bestimmt wurde. Pulver4 ist der Probe Pulver3 sehr ähnlich, Pulver5 komplettiert den Datensatz als untere Grenze. In Einklang mit den Ergebnissen für den Sauerstoffgehalt

4.1. VERGLEICHSSUBSTANZEN

Tabelle 4.6: Zusammenfassung der quantitativen Analyse der XPS-Übersichtsspektren für die Aluminiumhydroxidfluoride

Phase/ Name	Al [%]	C [%]	F [%]	O [%]	Sonstiges [%]	Verhältnis F : Al	O : Al
α-AlF$_3$	24	8	63	3	N (<1) Na (<1)	2,6	0,1
η-AlF$_3$	21	21	44	10	N (3) Cl (1)	2,1	0,5
Pulver1/ AlF$_{1,4}$(OH)$_{1,6}$	21	20	21	30	N (2)	1	1,5
Pulver2/ AlF$_{1,7}$(OH)$_{1,3}$	26	14	29	29	N (2)	1,1	1,1
Pulver3/ AlF$_{1,9}$(OH)$_{1,1}$	23	14	38	21	N (3)	1,7	0,9
Pulver4/ AlF$_x$(OH)$_{3-x}$	21	14	34	22	N (3)	1,6	1,0
Pulver5/ AlF$_x$(OH)$_{3-x}$	21	14	49	13	N (4)	2,3	0,6

nimmt das Verhältnis F : Al bzw. der Fluorgehalt von der Probe Pulver1 zur Probe Pulver5, mit der Ausnahme Pulver3, zu.

Wichtige Ergebnisse der XPS/XAES-Messungen sind für Aluminium in Tabelle 4.7 auf der nächsten Seite, für Fluor und Sauerstoff in Tabelle 4.8 auf Seite 41 zusammengefasst. Die Ladungskorrektur aller XPS/XAES-Messungen wurde mit Hilfe des C1s-Signals durchgeführt, welches entgegen der ISO-Nomr ISO 15472:2001 (284,8 eV) auf 285 eV festgelegt wurde. Das Übersichtsspektrum von Pulver3 (AlF$_{1,9}$(OH)$_{1,1}$ · H$_2$O) im Vergleich zu η-AlF$_3$ und die Detailspektren von Pulver1 bis Pulver5 sind in Abbildung 4.6 auf der nächsten Seite respektive Abbildung 4.7 auf Seite 44 dargestellt.

Die Bindungsenergien (Al 2p und F 1s) folgen, wenn die gemessenen Proben untereinander verglichen werden, einem einheitlichen Trend.

E_B (Al 2p):

Pulver1 < Pulver2 $\approx$ Pulver4 < Pulver3 $\approx$ Pulver5 < α-AlF$_3$ < η-AlF$_3$

E_B (F 1s):

Pulver1 $\approx$ Pulver2 $\approx$ Pulver4 < Pulver3 $\approx$ Pulver5 < α-AlF$_3$ < η-AlF$_3$

In Verbindung mit dem durch die XPS bestimmten prozentualen Anteil von O:

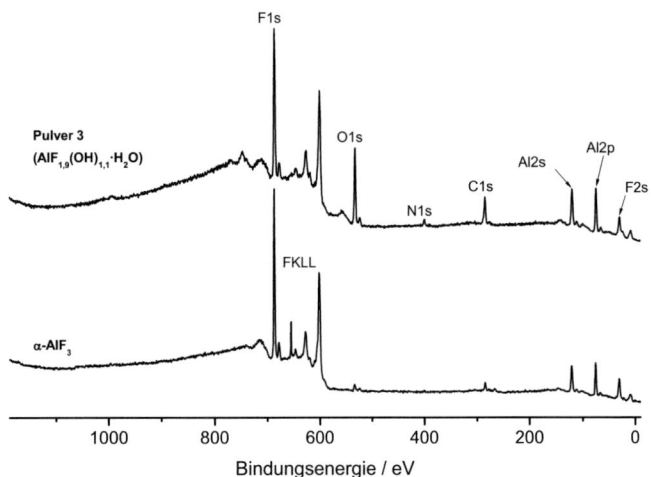

Abbildung 4.6: XPS-Übersichtsspektren von Pulver3 $(AlF_{1,9}(OH)_{1,1} \cdot H_2O)$ und α-AlF$_3$. Die Fixierung erfolgte mit doppelseitigem Klebeband und die Anregung erfolgte mit Mg K$_\alpha$-Strahlung.

Tabelle 4.7: Zusammenfassung der mit der XPS bestimmten Bindungs- und kinetischen Energien der Aluminiumhydroxidfluoride für Aluminium; die Hauptspezies ist fett markiert und der mod. Augerparamter α' wurde nur für diese bestimmt; Ladungsreferenz: C 1s (285 eV)

Phase/ Name	E_B (FWHM) Al 2s [eV]	Al 2p [eV]	E_{kin} Al KLL [eV]	α' [eV]
α-AlF$_3$	121,8 (2,8)	76,9 (1,9)	1382,9	1459,8
η-AlF$_3$	**122,4 (3,5)**	**77,6 (3,5)**	1382,0	1459,6
	119,1 (3,5)	74,0 (3,5)		
Pulver1/ AlF$_{1,4}$(OH)$_{1,6}$	120,4 (3,3)	75,4 (2,5)	1384,7	1460,1
Pulver2/ AlF$_{1,7}$(OH)$_{1,3}$	120,7 (3,6)	75,8 (2,5)	1384,1	1459,9
Pulver3/ AlF$_{1,9}$(OH)$_{1,1}$	120,9 (3,2)	76,0 (2,5)	1383,8	1459,8
Pulver4/ AlF$_x$(OH)$_{3-x}$	120,6 (3,5)	75,7 (2,5)	1384,4	1460,1
Pulver5/ AlF$_x$(OH)$_{3-x}$	120,9 (3,7)	76,0 (2,8)	1383,6	1459,6

Tabelle 4.8: Zusammenfassung der mit der XPS bestimmten Bindungs- und kinetischen Energien der Aluminiumhydroxidfluoride für Fluor und Sauerstoff; die Hauptspezies ist fett markiert und der mod. Augerparamter α' wurde nur für diese bestimmt; Ladungsreferenz: C 1s (285 eV)

Phase/ Name	E_B (FWHM) F 1s [eV]	O1s [eV]	E_{kin} F KLL [eV]	α' [eV]
α-AlF$_3$	**687,4 (2,3)**	n. b.[a]	651,9	1339,3
	685,6 (2,3)			
η-AlF$_3$	**688,4 (2,8)**	n. b.[a]	651,2	1339,6
	686,6 (2,8)			
	684,5 (2,8)			
Pulver1/	686,5 (2,8)	**533,0 (2,7)**	653,4	1339,9
AlF$_{1,4}$(OH)$_{1,6}$		531,9 (2,7)		
Pulver2/	686,7 (3,0)	533,7 (2,6)	652,9	1339,6
AlF$_{1,7}$(OH)$_{1,3}$		**532,8 (2,7)**		
Pulver3/	**687,1 (2,6)**	534,1 (2,6)	652,6	1339,4
AlF$_{1,9}$(OH)$_{1,1}$	685,9 (2,6)	**533,0 (2,6)**		
Pulver4/	**686,6 (2,8)**	533,6 (2,7)	653,3	1339,7
AlF$_x$(OH)$_{3-x}$	685,3 (2,8)	532,4 (2,7)		
Pulver5/	**687,1 (2,8)**	534,2 (2,7)	652,7	1339,8
AlF$_x$(OH)$_{3-x}$	685,6 (2,8)	532,4 (2,7)		

[a] nicht bestimmt

Pulver1 ≈ Pulver2 > Pulver4 ≈ Pulver3 > Pulver5 > α-AlF$_3$ > η-AlF$_3$

und dem prozentualen Anteil von F:

Pulver1 < Pulver2 < Pulver4 < Pulver3 < Pulver5 < η-AlF$_3$ < α-AlF$_3$

ergibt sich das zu erwartende Bild. Je höher der Anteil an Fluor und damit einhergehend niedriger der Anteil an Sauerstoff ist, desto höher sind auch die Bindungsenergien für Aluminium (Al 2s und Al 2p) und Fluor (F 1s). Eine ähnliche Beobachtung wurde auch von Böse et al. [97] diskutiert. Die Proben Pulver1 bis Pulver5 und η-AlF$_3$ besitzen alle die Pyrochlor-Struktur und lassen sich dementsprechend hervorragend miteinander vergleichen. Somit sind *final state* Effekte für alle diese Proben ungefähr gleich, da diese Effekte auf die Energie der emittierten Elektronen vor allem durch strukturelle Gegebenheiten und damit der Polarisierbarkeit der Umgebung des Emitteratoms bestimmt werden. Relaxations- und auch Polarisationsvorgänge im Festkörper – zwei Beispiele für *final state* Effekte – sind sehr stark von der Geometrie und damit auch von den umgebenden Atomen/Ionen abhängig. Je ähnlicher sich diese Geometrie in zwei unterschiedlichen Proben sind, desto vergleichbarer werden diese Effekte. Die Änderung bzw. der Anstieg der Bindungsenergie für das Al 2p- und Al 2s-Signal mit steigendem Fluorgehalt lässt sich vergleichsweise einfach erklären. Durch den Einbau steigender Mengen an Fluor wird vom Aluminiumkation immer stärker Elektronendichte abgezogen. Das im Vergleich zum Sauerstoff viel elektronegativere Fluor ist ein viel stärkerer Elektronenakzeptor und entzieht dem Aluminiumkation dementsprechend Elektronendichte. Durch die im Vergleich zu Aluminiumhydroxidfluoriden mit niedrigerem Fluoranteil geringeren Elektronendichte am Aluminiumkation wird die Neigung, ein Elektron abzugeben geringer. Dass die Bindungsenergie von kernnahen Elektronen eines Zentralatoms bei gleichbleibender Oxidationszahl und Erhöhung der Elektronegativität bzw. der Anzahl der elektronegativeren Liganden/Atome/Gruppen zunimmt, ist zu einer allgemeingültigen Regel in der XPS geworden. Ebenso lässt sich die steigende Bindungsenergie für das F 1s- und das O 1s-Signal erklären. Beide Anionen müssen bei weiterem Austausch von O-/OH-Ionen durch F-Ionen mit einer höheren Anzahl an elektronegativeren Partnern um die vorhandenen Elektronen konkurrieren.

Alle Photoelektronensignale für Aluminium (Al 2s und Al 2p) lassen sich im Gegensatz zu einigen reinen Aluminiumfluoridphasen mit einer Spezies beschreiben. Dieser Befund deckt sich mit der Anzahl der kristallographisch unterschiedlichen Aluminiumkationen (siehe Tabelle 4.5 auf Seite 36). Aluminiumhydroxidfluoride haben, da sie isotyp zu η-AlF$_3$ sind, genau eine Aluminium- und Fluor-Spezies. Im Gegensatz dazu muss das reine η-AlF$_3$ sowohl für Aluminium als auch für Fluor mit mehr als einer Spezies beschrieben werden. Da η-AlF$_3$ jedoch noch einen nicht zu vernachlässigbaren Anteil an Chlor besitzt, könnte dieses den Grund für die Abweichung von der erwarteten Anzahl an Aluminiumspezies darstellen. Die detaillierten Bindungsenergien für Aluminium und Fluor sind in Abschnitt 4.1.1 auf Seite 27, in Tabelle 4.3 auf Seite 31 und Tabelle 4.4 auf Seite 35 aufgeführt.

Das Fluor 1s-Signal besitzt wie bei allen anderen Aluminiumfluorid-Phasen auch eine leicht asymmetrische Form. Eine unvollständige und damit unregelmäßige Hydroxylierung der Oberfläche, wie sie schon in Abschnitt 4.1.1 auf Seite 27 angeführt wurde, kann hier ebenso als Erklärung angenommen werden.

Zusätzlich sind die hier untersuchten Aluminiumhydroxidfluoride nicht strikt so zusammen gesetzt, wie es ihre Summenformel vermuten lässt. Sie bestehen aus einer Mischung unterschiedlich zusammengesetzter AlF$_y$O$_{6-y}$-Oktaeder, wobei y Zahlen zwischen eins und fünf annehmen kann. König et al. [104, 105] haben mit Hilfe der Festkörper-NMR die Zusammensetzung/den Aufbau der Oktaeder der hier betrachteten Aluminiumhydroxidfluoride untersucht und dargestellt. Dabei stellte sich heraus, dass die Aluminiumhydroxidfluoride aus einer Mischung verschiedener AlF$_y$O$_{6-y}$-Oktaeder bestehen. Dies kann auch in der XPS zu einer Linienverbreiterung durch nichtaufgelöste Spezies allgemein bis hin zu mehreren dezidert untersuchbaren Spezies führen.

Die Aluminiumhydroxidfluoride komplettieren somit sehr gut die Referenzsubstanzenbibliothek und ordnen sich auch hervorragend in die bisher für die Aluminiumfluoride gewonnenen spektroskopischen Daten ein.

4.1.3 Aluminiumchloridfluorid (ACF)

Aluminiumchloridfluorid (ACF) ist aufgrund der Ähnlichkeit in der Zusammensetzung und der Reaktivität eine gute Ergänzung der Referenzsubstanzenbibliothek. ACF katalysiert die Isomerisierung von 1,2-Dibromhexafluoropropan zu 2,2-Dibromhexafluoropropan (siehe Abschnitt A.4.3 auf Seite 92) ebenso effizient wie *HS*-AlF$_3$ bei vergleichbarer Lewisazidität. Ferner

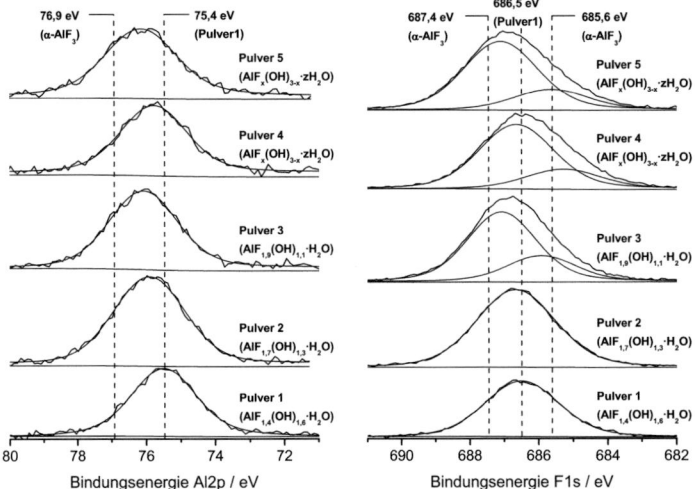

Abbildung 4.7: XPS-Detailspektren der untersuchten Aluminiumhydroxidfluoride für das Al 2p- und F 1s-Signal (links: Al 2p, rechts: F 1s). Als Vergleich ist die Lage der Signale des α-AlF$_3$ eingezeichnet. Die Pulverproben wurden in einem Pulvertrog gemessen und die Anregung erfolgte mit Mg K$_\alpha$-Strahlung.

ist ACF das Edukt, aus dem das in dieser Arbeit ebenfalls untersuchte η-AlF$_3$ synthetisiert wird (siehe Abschnitt A.5.5 auf Seite 97). Ein Vergleich beider Verbindungen ist daher ebenso von Interesse. Eine detaillierte Beschreibung des ACF wurde von T. Krahl im Zuge seiner Dissertation [111–114] angefertigt. Krahl untersuchte vor allem den Aufbau und die strukturellen Eigenschaften des ACF und des Aluminiumbromidfluorids (ABF). Dabei konnten mit Hilfe der Festkörper-NMR endständige und nicht verbrückende Fluoratome nachgewiesen werden. Auch König et al. [104, 105] konnten in einigen Proben, die auch im Zuge dieser Arbeit untersucht wurden, endständige und nicht verbrückende Fluoratome nachweisen. Genau diese Art von Fluoratomen wurden von Makarowicz et al. [107] durch Rechnungen vorausgesagt, welche aber mit Hilfe der XPS nicht gefunden werden konnten. Makarowicz et al. postulierten eine Verschiebung von 2,3 eV bis 3 eV hin zu geringeren Bindungsenergien. Diese Rechnungen werden auch durch die gefundenen chemischen NMR-Verschiebungen, die durch die Festkörper-NMR untersucht wurden, untermauert. Die ^{19}F-Signale liegen alle in einem Bereich von -145 ppm bis -185 ppm wobei das äußerste Signale bei -185 ppm von König et al. endständigen Fluoratomen zugeordnet wurde. Je höher das Feld bzw. je niedriger der ppm-Wert in der NMR ist, desto besser ist das zu untersuchende Atom durch Elektronen abgeschirmt, was wiederum eine im Vergleich höhere Elektronendichte impliziert. Die chemische Verschiebung der Bindungsenergie in der XPS hin zu niedrigeren Bindungsenergien sagt genau selbiges aus, da die Energie, die benötigt wird, um ein Elektron heraus zu lösen, direkt von der umgebenden Elektronendichte abhängig ist und kleiner wird, je höher diese ist. Hierbei müssen natürlich die Relaxationsbedingungen bzw. die Einflüsse durch *final state* Effekte gleich bleiben.

ACF wäre somit auch eine Referenzsubstanz, für die endständigen Fluoratome nachgewiesen werden konnten und somit auch mittels XPS evtl. nachweisbar sein sollten. Problematisch erwies sich dabei die hohe Hydrolyseneigung des ACF, weswegen die Proben für die XPS-Messungen in der Glovebox vorbereitet und unter Schutzgasatmosphäre transportiert wurden. Die Aktivität in der Isomerisierung von 1,2- zu 2,2-Dibromhexafluoropropan (siehe Abschnitt A.4.3 auf Seite 92) wurde vor den XPS-Messungen abermals bestimmt, wobei der Isomerisierungsgrad fast 100 % erreichte. Ein kurzer Luftkontakt von unter einer Minute war bei der Überführung der Probe in die Schleusenkammer des Spektrometers nicht zu vermeiden.

Tabelle 4.9: Zusammenfassung der mit der XPS bestimmten Bindungs- und kinetischen Energien des ACF für Aluminium; Ladungsreferenz: die entsprechende Halbwertsbreite steht in Klammern hinter dem Wert; C 1s (285 eV)

Phase/ Name	E_B (FWHM) Al 2s [eV]	Al 2p [eV]	E_{kin} Al KLL [eV]	α' [eV]
η-AlF$_3$	**123,1 (3,5)**	**78,3 (3,9)**	1381,3	1459,6
	119,8 (3,5)	74,7 (3,5)		
ACF	122,4 (3,4)	77,4 (3,4)	1382,2	1459,6

Eine Zusammenfassung der Bindungsenergien im Vergleich zum η-AlF$_3$, welches aus ACF durch thermische Zersetzung synthetisiert wird, sind in Tabelle 4.9 für Aluminium und Tabelle 4.10 für Fluor aufgeführt.

Sowohl die Bindungs- als auch kinetischen Energien für Aluminium und Fluor unterscheiden sich deutlich beim Vergleich von ACF mit η-AlF$_3$. Der Vergleich mit anderen Aluminiumfluoridphasen aus Abschnitt 4.1.1 auf Seite 27 zeigt jedoch, dass ACF in gewisser Weise mit diesen Phasen verwandt ist. Auf den Vergleich aller Referenzsubstanzen wird im folgenden Abschnitt 4.1.4 auf der nächsten Seite detaillierter eingegangen.

Die Übersichtsspektren von ACF und η-AlF$_3$ ähneln sich stark. Die Detailspektren von ACF ähneln denen der anderen Aluminiumfluoridphasen (siehe Abschnitt 4.1.1 auf Seite 27). Das F 1s-Signal zeigt ebenso eine Asymmetrie, das Al 2p-Signal lässt sich mit einer Spezies beschreiben. Die Übersichts- und Detailspektren in Abbildung 4.8 auf der nächsten Seite und die

Tabelle 4.10: Zusammenfassung der mit der XPS bestimmten Bindungs- und kinetischen Energien des ACF für Fluor; die Hauptspezies ist fett markiert und der mod. Augerparamter α' wurde nur für diese bestimmt; die entsprechende Halbwertsbreite steht in Klammern hinter dem Wert; Ladungsreferenz: C 1s (285 eV)

Phase/Name	E_B (FWHM) F 1s [eV]	E_{kin} F KLL [eV]	α' [eV]
η-AlF$_3$	**689,1 (2,8)**	650,5	1339,6
	687,3 (2,8)		
	685,2 (2,8)		
ACF	**687,9 (3,1)**	651,8	1339,7
	686,0 (3,1)		

4.1. VERGLEICHSSUBSTANZEN 47

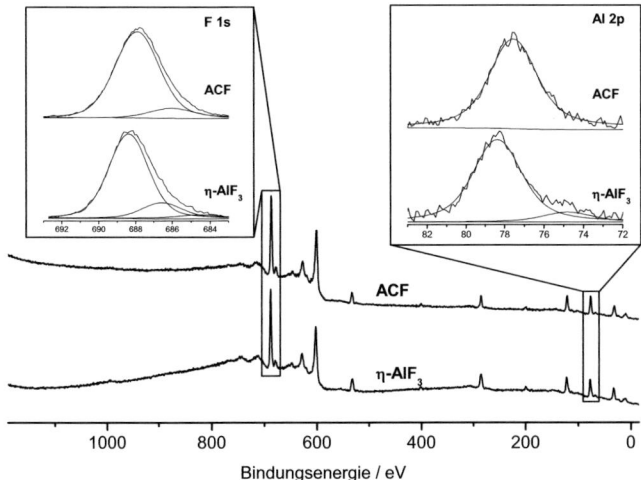

Abbildung 4.8: XPS-Übersichts- und Detailspektren (Al 2p und F 1s) von ACF (oben) und η-AlF$_3$ (unten).

energetische Lage des F 1s-Signals zeigen deutlich, dass auch im ACF kein Hinweis auf eine endständige und nicht verbrückende Fluorspezies gefunden werden kann. Diese Messungen bestätigen auch das Nichtvorhandensein von AlCl$_3$ an der Oberfläche bzw. mehrerer unterschiedlicher Phasen, wie es auch im Laufe der Arbeiten von Krahl et al. [111–114] nachgewiesen wurde. Ob die endständige und nicht verbrückende Fluoridspezies mit Hilfe der XPS nicht nachgewiesen werden kann oder ob diese durch den kurzen und unvermeidbaren Luftkontakt durch Hydrolyse zerstört wurden, kann abschließend nicht eindeutig ausgesagt werden. Hierfür müsste eine Überführung der zu untersuchenden Probe komplett unter Schutzgas gewährleistet werden, was einen relativ hohen apparativen Aufwand mit sich bringen würde. Da ACF in dieser Arbeit vor allem eine Ergänzung zur Referenzdatenbibliothek darstellt, wurde auf diesen Aufwand verzichtet.

4.1.4 Vergleich der Pulverproben

Unter Berücksichtigung aller gemessenen Daten für die Referenzsubstanzen (Aluminiumfluoride: Abschnitt 4.1.1 auf Seite 27; Aluminiumhydroxidfluo-

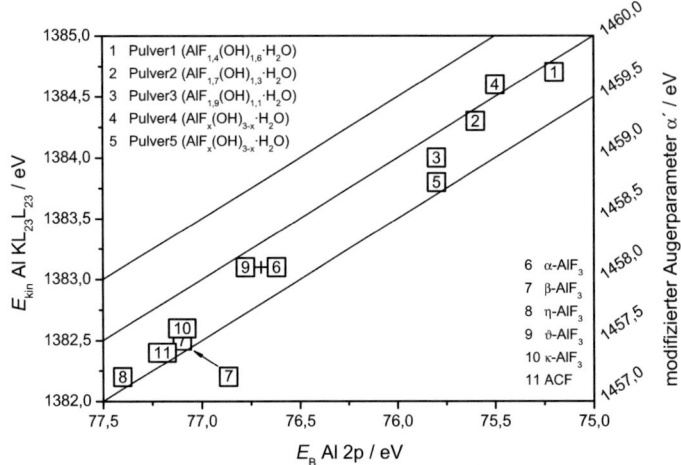

Abbildung 4.9: Wagnerplot für alle Pulverproben, Aluminiumfluoridphasen und ACF unter Berücksichtigung der Bindungs- und kinetischen Energie für das Al 2p- und Al KLL-Signal.

ride: Abschnitt 4.1.2 auf Seite 37; ACF: Abschnitt 4.1.3 auf Seite 43) können nun Vergleiche untereinander angestellt und durch Anfertigung von Wagnerplots wichtige Beiträge zur Einordnung der Schichten und aktivierten Substanzen (Pulverproben als auch Schichten) geliefert werden.

In Abbildung 4.9 ist der Wagnerplot bezogen auf Aluminium, in Abbildung 4.10 auf der nächsten Seite der Wagnerplot bezogen auf das Fluor abgebildet. In beiden Wagnerplots bilden die Aluminiumhydroxidfluoride im Bereich von niedrigeren Bindungsenergien und höheren kinetischen Energien einerseits und die reinen Aluminiumfluoride im Bereich von höheren Bindungsenergien und niedrigeren kinetischen Energien andererseits ähnliche Bereiche bzw. Gruppen aus.

Die maximale Differenz im modifizierten Augerparameter α' beträgt für Fluor 0,6 eV und für Aluminium 0,5 eV. Ein Trend lässt sich in der Verteilung von α' nicht erkennen. Die unterschiedlichen Kristallstrukturen der untersuchten Proben haben also keinen regelmäßigen bzw. nachvollziehbaren Einfluss auf den *final state* Effekt.

Eine Korrelation der verschiedenen Bindungsenergien und dem Verhält-

4.1. VERGLEICHSSUBSTANZEN

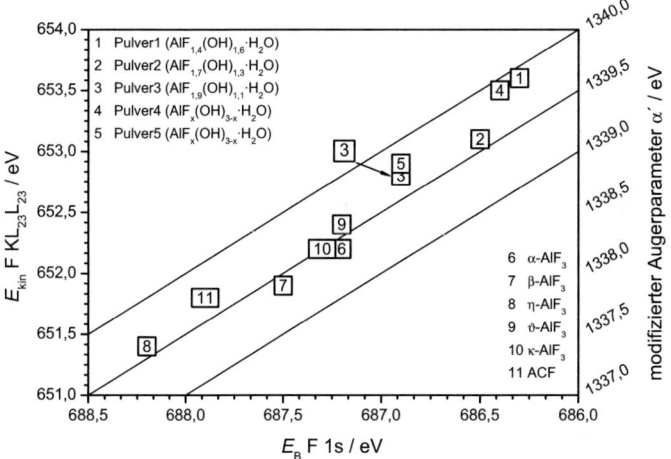

Abbildung 4.10: Wagnerplot für alle Pulverproben, Aluminiumfluoridphasen und ACF unter Berücksichtigung der Bindungs- und kinetischen Energie für das F 1s- und F KLL-Signal.

nis von Aluminium zu Fluor der jeweiligen Probe, welches mit Hilfe der XPS bestimmt und in Tabelle 4.2 auf Seite 30 und Tabelle 4.6 auf Seite 39 aufgelistet wurde, ergibt für Fluor das in Abbildung 4.11 auf Seite 52, für Aluminium das in Abbildung 4.12 auf Seite 53 gezeigte Diagramm.

Beim Vergleich der Verhältnisse von F und O zu Al mit der F 1s-Bindungsenergie ist ein linearer Trend der Daten ersichtlich. Nur η-AlF$_3$ lässt sich nicht so einem linearen Trend unterordnen. Diese Probe unterscheidet sich aufgrund ihrer Phasenunreinheit (η-AlF$_3$ beinhaltet als einzige Phase Chlor und einen Anteil an β-AlF$_3$) deutlich von den restlichen Referenzsubstanzen. Daher ist eine Abweichung zu erwarten gewesen.

Der Vergleich mit der Al 2p-Bindungsenergie zeigt ebenso eine lineare Abhängigkeit. Dort bilden die Aluminiumfluoridphasen und die Aluminiumhydroxide enge Bereiche aus. Die Aluminiumhydroxidfluoride unterscheiden sich z. B. in ihrer Bindungsenergie nur um maximal 0,6 eV. Interessant ist auch der Sprung in der Bindungsenergie. Keine untersuchte Probe liegt im Energiebereich zwischen 76 eV und 76,8 eV. η-AlF$_3$ bildet auch hier eine Ausnahme aus.

Die Möglichkeit einer linearen Korrelation ist eng verknüpft mit den *initial* und *final state* Effekten. Die von Siegbahn et al. eingeführte und in Abschnitt 3.4 auf Seite 19 aufgeführte und detaillierter erklärte Gleichung (3.10) auf Seite 21 zeigt, dass die Veränderung der Bindungsenergie proportional zur Ladung am entsprechenden Atom ist. Da die Ladung maßgeblich von den elektronischen Eigenschaften des Atoms und diese wiederum vom Zustand (Oxidationszahl, Anzahl und Art der umgebenden Atome) des Atoms vor der Ionisierung abhängig ist, zählt diese zu den *initial state* Effekten. Die Änderung des elektronischen Zustandes nach der Ionisation durch z. B. Relaxation und Umordnung in der elektronischen Struktur wird zu den *final state* Effekten gezählt. Dementsprechend ist eine Abweichung von einer Linearität in diesem Fall *final state* Effekten zuzuordnen, sofern die untersuchten Systeme sich ähneln und sich ein Faktor sukzessive ändert. Die Linearität bedeutet aber nicht im Umkehrschluss, dass keine *final state* Effekte vorliegen. Im Grunde sind solche Effekte, da eine ionisierte Verbindung immer dazu neigt, seine Energie durch geeignete Maßnahmen zu erniedrigen, immer vorhanden. Das hier untersuchte System unterscheidet sich strukturell und auch in der Zusammensetzung wenig. Daher haben die *final state* Effekte einen ähnlichen Einfluss auf die mit der XPS gemessenen Bindungsenergien. Eine starke Abweichung von der Linearität bedeutet wiederum, dass eine starke Änderung in der Struktur und/oder in der Zusammensetzung stattgefunden haben muss.

Insgesamt untermauert der Vergleich aller untersuchten Referenz-Pulverproben die in Abschnitt 4.1.2 auf Seite 37 aufgeführte Verknüpfung der Verschiebung von Bindungsenergien für verschiedene Elemente und der Zusammensetzung der jeweiligen untersuchten Probe. Die reinen Aluminiumfluoride, die in ihrer Zusammensetzung den höchsten Fluorgehalt besitzen und somit eine Grenze darstellen, haben auch die höchsten Bindungsenergien sowohl für Aluminium als auch für Fluor. Pulver1 ($AlF_{1,4}(OH)_{1,6} \cdot H_2O$), die Referenzsubstanz mit dem geringsten Fluorgehalt, bildet wiederum mit den niedrigsten Bindungsenergien für Aluminium und Fluor die andere Grenze aus.

Die im Laufe dieser Arbeit untersuchten Schichten und Pulverproben, welche noch zusätzlich *in situ* aktiviert werden, können dementsprechend nicht nur über ihre Zusammensetzung, sondern auch über ihre jeweiligen Bindungs- und kinetischen Energien und die dadurch bedingte Lage im Wagnerplot eingeordnet werden. Es sollten sich somit Rückschlüsse auf die Struktur und auch die Eigenschaften der untersuchten Proben ziehen lassen.

4.2 Oberflächeneigenschaften der Substrate

Beschichtungen bzw. die Qualität der resultierenden Schichten sind abhängig von der Oberflächenbeschaffenheit des zu beschichtenden Substrates, der physikalischen Eigenschaften der Lösung/des Sols und der Art des Beschichtungsverfahrens. Nachfolgend werden einige oben genannte Aspekte aufgeführt und deren Einfluss auf die Beschichtbarkeit diskutiert.

Alle in dieser Arbeit zur Beschichtung verwendeten Substrate wurden, um eine bestmögliche Beschichtung zu gewährleisten, vorbehandelt (siehe auch Abschnitt A.6.1 auf Seite 100). Um wichtige Eigenschaften der zu beschichtenden Substrate und den Einfluss der Vorbehandlung zu bestimmen, wurden folgende Parameter untersucht:

- Bestimmung von OH-Gruppen-Konzentration
- Kontaktwinkelmessungen zur Bestimmung der Oberflächenenergie
- morphologische Untersuchungen

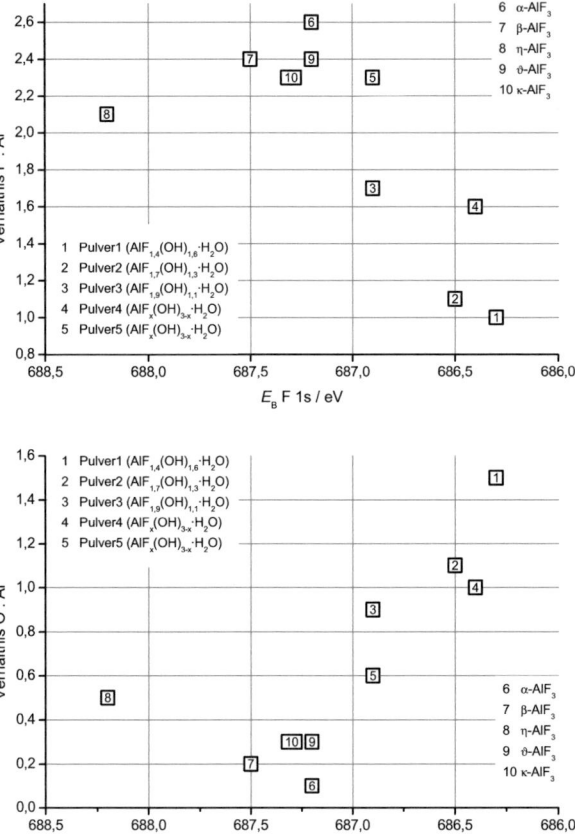

Abbildung 4.11: Korrelation des durch XPS bestimmten Verhältnisses von F zu Al (oben) und O zu Al (unten) mit der ebenso durch XPS bestimmten F 1s-Bindungsenergie.

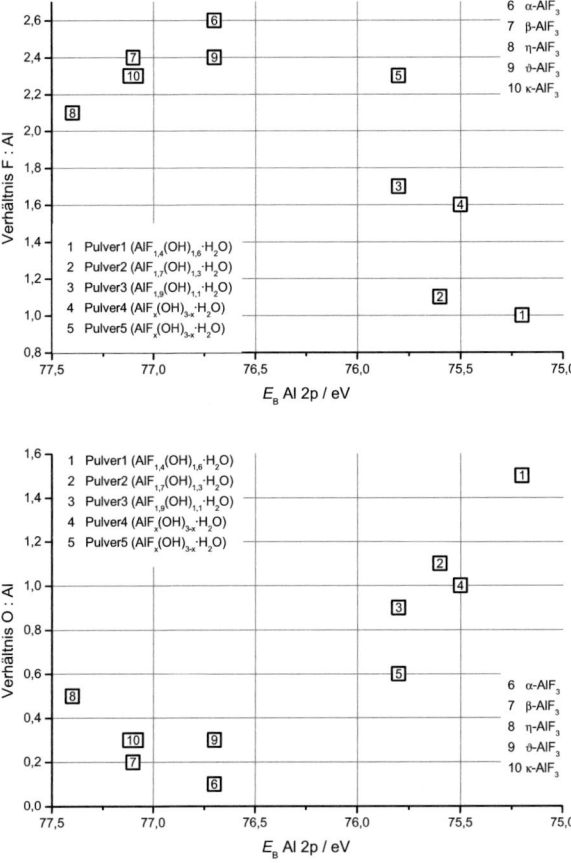

Abbildung 4.12: Korrelation des durch XPS bestimmten Verhältnisses von F zu Al (oben) und O zu Al (unten) mit der ebenso durch XPS bestimmten Al 2p-Bindungsenergie. Punkt 9 + 7 im oberen und 9 + 10 im unteren Koordinatensystem besitzen gleiche Koordinaten.

4.2.1 Bestimmung von OH-Gruppen-Konzentration

Die experimentelle Durchführung wird in Abschnitt A.3.6 auf Seite 89 aufgeführt.

Die Derivatisierung von OH-Gruppen mit Trifluoressigsäureanhydrid (TFAA) ist ein häufig angewandtes Mittel [115, 116], um diese zu identifizieren. In Kombination mit der XPS kann über die Fluorkonzentration an der so derivatisierten Oberfläche die Anzahl der OH-Gruppen abgeschätzt werden.

Die Beschichtbarkeit bzw. die Benetzbarkeit war selbst nach der Politur und dem Reinigen (siehe auch Abschnitt A.6.1 auf Seite 100 und Tabelle 4.12 auf Seite 57) mangelhaft. Die Edelstahl-Substrate wurden daher abschließend mit einem Sauerstoffplasma behandelt. Die so generierte und auch aktivierte Metalloxidschicht könnte anschließend mit der Feuchtigkeit in der Luft zu OH-Gruppen an der Oberfläche reagieren. Diese OH-Gruppen können sogar erwünscht sein, da sie die Oberflächenenergien und somit auch die Beschichtbarkeit für polare Sole aufgrund der Hydrophilie der OH-Gruppen positiv beeinflussen können. Ungeachtet dessen wurde jede anhaftende Verunreinigung wie z. B. Fette oder andere aliphatische/hydrophobe Reste durch das Sauerstoffplasma entfernt. Die Aluminiumoxidsubstrate wurden daher auch mit einem Sauerstoffplasma vorbehandelt, wobei in diesem Fall aufgrund der geringen Hydrolyseneigung von Aluminiumoxid keine weitere Reaktion erwartet wird.

Abschließende Untersuchungen mit der XPS zeigten, dass keine Derivatisierung stattgefunden hatte. Es konnte sowohl beim Edelstahlsubstrat als auch beim Aluminiumoxidsubstrat kein Fluor an der Oberfläche nachgewiesen werden. Inwiefern die Derivatisierung der OH-Gruppen generell gescheitert ist und trotzdem vorhandene OH-Gruppen nicht nachgewiesen werden konnten, konnte abschließend nicht gänzlich geklärt werden. Das XPS-Detailspektrum in Abbildung 4.13 auf Seite 56 zeigt insgesamt vier unterschiedliche Sauerstoffspezies. Unter Berücksichtigung der in der *NIST*-Datenbank aufgeführten und von K. Wandelt [117] zusammengefassten Bindungsenergien für O^{2-} (529,5 eV – 530,9 eV), OH^- (530,9 eV – 531,9 eV), adsorbiertes O_2 (531,9 eV – 532,4 eV) und adsorbiertes H_2O (532,4 eV – 534 eV) können die vier Spezies zugeordnet werden. Dementsprechend zeigt das XPS-Detailspektrum für O 1s ein Vorhandensein von OH-Gruppen. Die Bindungsenergien, der prozentuale Anteil und die Zuordnung der verschie-

4.2. OBERFLÄCHENEIGENSCHAFTEN DER SUBSTRATE

Tabelle 4.11: Zusammenfassung der mit der XPS bestimmten Bindungsenergien der mit Sauerstoffplasma vorbehandelten Edelstahloberfläche für Sauerstoff; die entsprechende Halbwertsbreite steht in Klammern hinter dem jeweiligen Wert; Ladungsreferenz: C 1s (285 eV)

E_B (FWHM) O 1s [eV]	Anteil [%]	Zugeordnete Spezies
529,9 (1,5)	46	O^{2-}
530,6 (1,5)	26	OH^-
531,5 (1,5)	22	O_2 (adsorbiert)
532,5 (1,5)	6	H_2O (adsorbiert)

denen Spezies ist in Tabelle 4.11 zusammengefasst. Die XPS und die Derivatisierung liefern somit widersprüchliche Ergebnisse, wobei OH-Gruppen an der Oberfläche eines mit Sauerstoffplasma vorbehandelten Edelstahls zu erwarten sind.

4.2.2 Kontaktwinkelmessungen zur Bestimmung der Oberflächenenergie

Die experimentelle Durchführung der Kontaktwinkelmessungen wird in Abschnitt A.3.5 auf Seite 89 beschrieben.

Für eine optimale Benetzbarkeit und damit einhergehende gute Beschichtungsergebnisse muss die Oberflächenenergie des Substrates größer sein als die Oberflächenspannung des verwendeten Lösungsmittels bzw. Sols.

Die Oberflächenenergien wurden für Aluminiumoxidsubstrate, Edelstahlsubtrate, Siliziumwafer, und einen mit Aluminiumfluorid-Sol beschichteten Siliziumwafer bestimmt. Hierfür wurden jeweils drei bis vier Tropfen Wasser, Ethylenglykol und Diiodmethan auf das Substrat getropft und der Kontaktwinkel bestimmt. Mit Hilfe dieser Kontaktwinkel können die in Tabelle 4.12 auf Seite 57 zusammengefassten Oberflächenenergien für die Substrate mit unterschiedlicher Vorbehandlung bestimmt werden.

Der Vergleich der nur gereinigten und komplett unbehandelten Edelstahl-Probe mit der gereinigten, unpolierten aber mit Sauerstoffplasma vorbehandelten Edelstahl-Probe zeigt deutlich den Effekt der Behandlung mit Sauerstoffplasma. Die Oberflächenenergie wird fast verdoppelt und da die Oberflächenspannung von Methanol 22,6 mN/m beträgt, wird so eine bes-

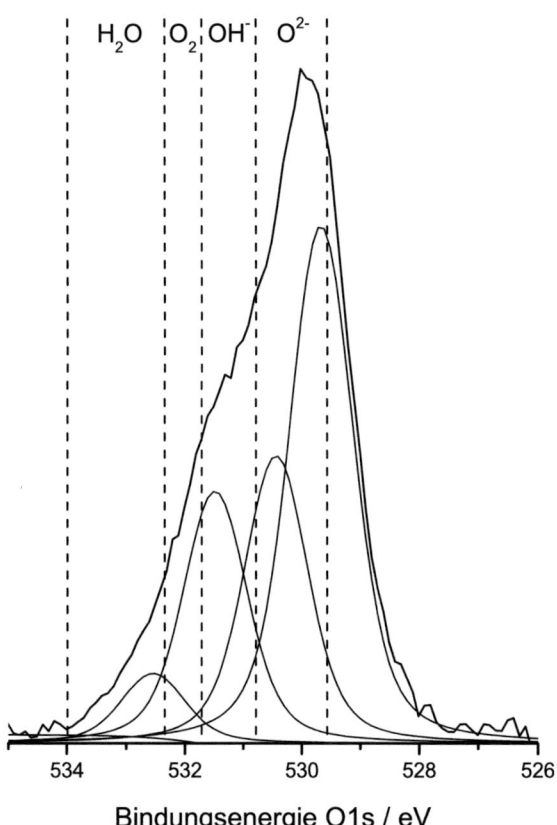

Abbildung 4.13: XPS-Detailspektrum für die mit Sauerstoffplasma vorbehandelte Edelstahloberfläche (O 1s); Bindungsenergiebereiche unterschiedlicher Sauerstoffspezies auf der Grundlage der *NIST*-Datenbank und der von K. Wandelt zusammengefassten Daten sind schematisch eingezeichnet.

4.2. OBERFLÄCHENEIGENSCHAFTEN DER SUBSTRATE

Tabelle 4.12: Oberflächenenergien der Substrate

Substrat (Art der Vorbehandlung)	Oberflächenenergien gesamt [mN/m]	dispers [mN/m]	polar [mN/m]
Al_2O_3 (unbehandelt)	61,8	28,3	33,5
Al_2O_3 (poliert)	42	16,5	25,6
Edelstahl (unbehandelt)	25,4	18,7	6,7
Edelstahl (unpoliert/Plasma)	52,8	35,3	17,5
Edelstahl (nur poliert)	29,9	24,1	5,7
Edelstahl (poliert/Plasma)	nicht bestimmbar Tropfen benetzen komplett		
Si-Wafer (RCA-Methode[a])	nicht bestimmbar Tropfen benetzen komplett		
AlF_3-Schicht auf Si	56,8	24,8	32

[a] siehe Abschnitt A.6.1 auf Seite 100 und [118–122]

Tabelle 4.13: Rauheit der Substrate

Substrat (Art der Vorbehandlung)	Rauheit [nm]
Al_2O_3	5563,5
Edelstahl (unbehandelt)	3084,9
Edelstahl (poliert/Plasma)	139,7
Si-Wafer	n. b.[a]

[a] nicht bestimmbar

sere Benetzung erreicht. Der Siliziumwafer wie auch das polierte und mit Sauerstoffplasma vorbehandelte Edelstahlsubtrat zeigen eine hervorragende Benetzbarkeit. Dies spiegelt sich auch in der Qualität der Beschichtung wider. Die Aluminiumfluoridschicht auf Silizium besitzt ebenso eine hinreichend große Oberflächenenergie. Mehrfachbeschichtungen wären somit auch möglich.

Für eine erfolgreiche Beschichtung von Edelstahlsubstraten ist demnach das Polieren und die Behandlung mit Sauerstoffplasma nötig. Die RCA-Reinigungsmethode [118–122] für Siliziumwafer (siehe Abschnitt A.6.1 auf Seite 100) liefert hervorragende Ergebnisse und ist ebenso notwendig.

4.2.3 Morphologische Untersuchungen

Um die Oberflächenbeschaffenheit zu bestimmen, wurde die Rauheit mit Hilfe der Weißlichtinterferometrie (siehe auch Abschnitt A.3.4 auf Seite 89) bestimmt und mit einem Auflichtmikroskop die Oberfläche abgebildet. Auf eine Bestimmung der Rauheit mit der Rasterkraftmikroskopie (AFM) wurde im Falle der Substrate bewusst verzichtet, da die zu erwartende hohe Rauheit die maximale vertikale Auflösung überschreitet. In Tabelle 4.13 sind die Rauheiten für die verschiedenen Substrate zusammengefasst.

Die Rauheit vom Siliziumwafer konnte nicht bestimmt werden, da die Rauheit unter der Nachweisgrenze des verwendeten Weißlichtinterferometers lag. Das Aluminiumoxid-Substrat besitzt die höchste Rauheit. Das Polieren des Edelstahlsubstrats hat einen großen Einfluss auf die Rauheit und verringert diese um eine Größenordnung.

4.3 Schichtsysteme

Die Durchführung der Beschichtung unterschiedlicher Substrate ist in Abschnitt A.6 auf Seite 100 aufgeführt. Alle Beschichtungen wurden mit einem Sol, welches nach der Vorschrift in Abschnitt A.5.2 auf Seite 94 hergestellt wurde, durchgeführt. Als Aluminiumalkoxid wurde dabei immer das Aluminiumethoxid (Al(OEt)$_3$) verwendet. Experimente mit Aluminiumisopropoxid (Al(O^{i}Pr)$_3$) als Edukt auch in verschiedenen Lösungsmittelgemischen (siehe auch Abschnitt A.5.2 auf Seite 94 und Tabelle A.4 auf Seite 95) führten zu keinem für die Beschichtung geeigneten Sol. Für eine Beschichtung müssen die Sole sowohl klar als auch flüssig sein. Sobald das Sol z. B. die Wandung eines Schlenkrohres benetzt und nicht sofort ohne Schlieren abläuft, ist es nicht flüssig genug für eine Beschichtung.

Die Güte einer Schicht bzw. die Entscheidung, ob eine Schicht auf einem Substrat vollständig geschlossen ist, wird mit Hilfe der XPS ermittelt. Sobald im XPS-Übersichtsspektrum keine Elemente des Substrates (Chrom und Eisen für Edelstahl (1.4031), Silizium für Si-Wafer und Aluminiumoxid für Aluminiumoxidplatten) vorkommen, ist eine Schicht für weitere Experimente geeignet.

In dieser Arbeit wurden folgende beschichtete Substrate untersucht:

- **Schicht1** – Al(OEt)$_3$-Precursor auf Si-Wafer
- **Schicht2** – Al(OEt)$_3$-Precursor auf Edelstahl nicht geschlossen
- **Schicht3** – Al(OEt)$_3$-Precursor auf Edelstahl geschlossen
- **Schicht4** – Al(OEt)$_3$-Precursor auf Aluminiumoxidsubstrat

Zusätzlich werden im Abschnitt 4.4.2 auf Seite 78 folgende Schichten aktiviert/nachfluoriert und danach charakterisiert:

- **Schicht5** – Schicht1 (Si-Wafer) aktiviert/nachfluoriert
- **Schicht6** – Schicht3 (Edelstahl) aktiviert/nachfluoriert

Details der Beschichtungen und weitere Ergebnisse werden im Folgenden jeweils für das betreffende Substrat aufgeführt. Eine Übersicht über die Zusammensetzung der untersuchten Schichten ist in Tabelle 4.14 auf Seite 68 zusammen gefasst.

4.3.1 Substrat: Aluminiumoxid

Im Laufe dieser Arbeit wurden zu eckigen bzw. runden Platten gepresstes Aluminiumoxid verwendet. Es wurden eckige Platten (50 mm x 76 mm x 6,3 mm) der Firma Kyocera und runde Platten (⌀ 32,4 mm, d 0,8 mm, poliert bzw. nicht vorbehandelt) vom Hermsdorfer Institut für Technische Keramik (HITK e.V.) beschichtet. Da diese Substrate für die folgenden Untersuchungen mit der XPS und den Aktivierungsexperimenten zu groß sind, wurden sie auf einer Seite angefräst, um das Substrat nach der Beschichtung in kleinere Stücke per Hand brechen zu können. Vor der Beschichtung wurden die Substrate nach der in Abschnitt A.6.1 auf Seite 100 aufgeführten Methode gereinigt.

Die Substrate wurden per *spin coating* (runde Substrate) und *dip coating* (eckige und runde Substrate) beschichtet. Es wurden die in Tabelle A.7 auf Seite 102 aufgelisteten Verweilzeiten und Ausziehgeschwindigkeiten sowie Mehrfachbeschichtungen für das *dip coating* angewendet. Das *spin coating* wurde nach der in Abschnitt A.6.2 auf Seite 101 aufgeführten Methode durchgeführt.

Es konnten sowohl mit der *dip coating* als auch mit der *spin coating* Technik keine geschlossenen Schichten auf Aluminiumoxidsubstraten hergestellt werden. In Abbildung 4.14 auf der nächsten Seite sind sehr gut die zwei Komponenten des Al 2p-Signals der mit der *dip coating* Technik auf dem Al_2O_3-Substrat hergestellten Schicht4 sichtbar. Die Bindungsenergie der weniger intensiven Komponente (75,8 eV) entspricht dem für die in Abschnitt 4.1.2 auf Seite 37 untersuchten und in Tabelle 4.7 auf Seite 40 aufgeführten Aluminiumhydroxidfluoriden. Die Hauptkomponente entspricht ungefähr dem Al 2p-Signal des unbeschicheten Al_2O_3-Substrates, was auch in der Gegenüberstellung mit Schicht4 ersichtlich ist. Schon bei den unterschiedlichen Beschichtungsprozeduren konnte eine komplette Aufnahme des Sols durch das Al_2O_3-Substrat beobachtet werden. Es wurden weder im Falle des *spin coating* Lösungsmitteltropfen weggeschleudert, noch konnte ein Ablaufen des überschüssigen Sols beim *dip coating* beobachtet werden. Somit entspricht dies nicht einer Beschichtung einer Oberfläche im eigentlichen Sinne sondern ähnelt mehr einer Imprägnierung von Aluminiumoxidträgermaterial mit einem Katalysator. Insofern verwundert es nicht, dass keine geschlossene Schicht erhalten werden konnte. Die Konzentration des Sols (0,05 mol/l) war auch zu gering, um eine vollständige Bedeckung des

4.3. SCHICHTSYSTEME

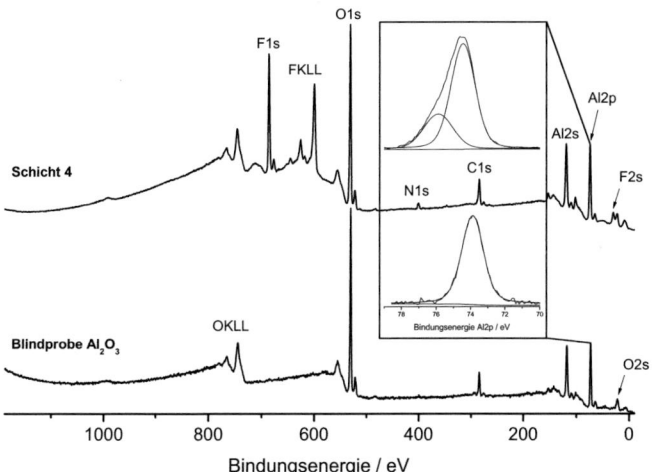

Abbildung 4.14: XPS-Übersichtsspektrum sowie Detailspektrum des Al 2p-Signals für ein unbeschichtetes Aluminiumoxidsubstrat (untere Kurve/Blindprobe) und für eine Schicht, ausgehend von Al(OEt)$_x$F$_{3-x}$-Precursor auf einem Al$_2$O$_3$-Substrats, die per *dip coating* aufgetragen wurde(Schicht4).

Substrates zu erreichen. Höher konzentrierte Sole konnten zur Beschichtung nicht verwendet werden, da diese in den meisten Fällen stark getrübt waren oder schnittfeste Gele ausbildeten.

Weiterführende Untersuchungen und Katalysetests wurden in diesem Stadium abgebrochen, da die gewonnenen Schichten nicht dafür geeignet waren.

4.3.2 Substrat: Edelstahl

Als Metallsubstrat wurde handelsüblicher Edelstahl (1.4301) verwendet. Quadratische Substrate mit einer Kantenlänge von 10 mm wurden hierfür aus einem größeren Blech (d = 0,8 mm) geschnitten und danach gemäß den Vorschriften in Abschnitt A.6.1 auf Seite 100 vorbehandelt. Die Beschichtungen wurden per *spin coating* (Abschnitt A.6.2 auf Seite 101) und per *dip coating* (siehe Abschnitt A.6.3 auf Seite 101) durchgeführt.

Beschichtungen mit der *spin coating* Technik führten zu keiner geschlossenen Schicht, unabhängig von der Art der Vorbehandlung. Beschichtungen mit der *dip coating* Technik führten je nach Verweilzeit und Ausziehgeschwindigkeit zu geschlossenen Schichten. Hierfür musste das Substrat poliert, gereinigt und mit Sauerstoffplasma gemäß den in Abschnitt 4.2 auf Seite 51 und Abschnitt A.6.1 auf Seite 100 aufgelisteten Parametern vorbehandelt werden. Die optimale Verweilzeit betrug 60 s, die optimale Ausziehgeschwindigkeit 50 mm/min.

In Abbildung 4.15 auf der nächsten Seite sind eine Blindprobe (poliertes, gereinigtes und mit Sauerstoffplasma vorbehandeltes Edelstahlsubstrat) und drei beschichtete Substrate vergleichend aufgeführt. Schicht2 ist eine nicht geschlossene Schicht, die per *dip coating* mit einer Verweilzeit von 100 s und einer Ausziehgeschwindigtkeit von 60 mm/min hergestellt wurde. Schicht3 ist eine geschlossene Schicht, die im Gegensatz zur Schicht2 mit einer Verweilzeit von 60 s und einer Ausziehgeschwindigkeit von 60mm/min hergestellt wurde. Schicht3 wurde dann im Laufe der Arbeit nachfluoriert und charakterisiert, woraus Schicht6 resultierte. Diese Ergebnisse sind im folgenden Abschnitt Abschnitt 4.4.2 auf Seite 78 aufgeführt.

Kriterien, die die Güte einer Schicht in dieser Arbeit bestimmen, sind beim Vergleich der unterschiedlichen XPS-Übersichtsspektren ersichtlich. Das Übersichtspektrum der Blindprobe zeigt die zu erwartenden Signale von Eisen, Chrom, Sauerstoff und auch Kohlenstoff. Das Cr 2p-Signal wur-

4.3. SCHICHTSYSTEME

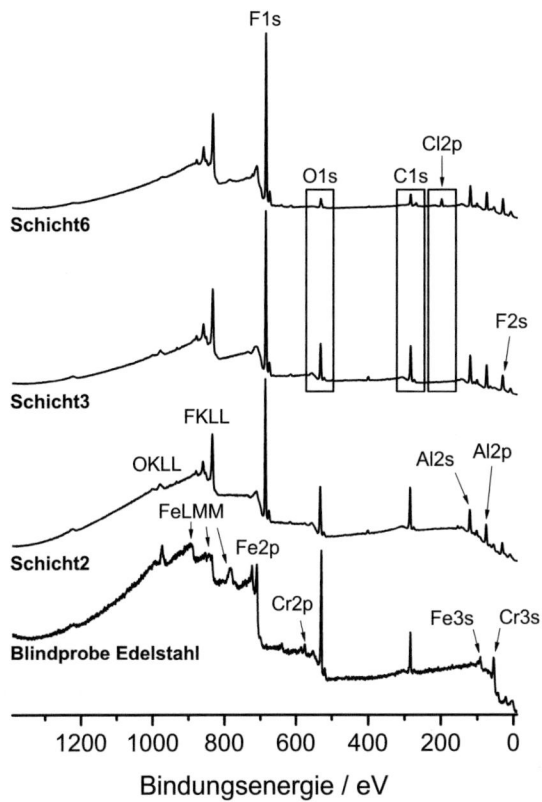

Abbildung 4.15: XPS-Übersichtsspektren für ein unbeschichtetes Edelstahlsubstrat (untere Kurve/Blindprobe) und für drei Schichten, ausgehend von Al(OEt)$_x$F$_{3-x}$-Precursor auf Edelstahl-Substraten, die per *dip coating* aufgetragen wurden (Schicht2 (nicht geschlossen), Schicht3 (geschlossen), Schicht6 (*in situ* nachfluorierte Schicht3)).

de im Zuge dieser Arbeit, aufgrund seines hohen Wirkungsquerschnitts, seiner für dieses untersuchte System günstigen Bindungsenergie und der damit entsprechenden Lage im Übersichtsspektrum als Kriterium für eine Einstufung der Schichten verwendet. Zusätzlich ist die Form des Spektrums für Bindungsenergien größer als 700 eV ebenso ein Indiz für eine geschlossene oder nicht geschlossene Schicht. Der Untergrund, welcher z. B. durch Plasmonverluststrukturen geprägt ist, beeinflusste die Form des Spektrums für Bindungsenergien größer als 700 eV. Schicht2 zeigt zwar relativ geringe aber doch erkennbare Cr 2p-Signale und eine andere Form des Spektrums ab 700 eV. Im Vergleich dazu sind bei Schicht3 keine Cr 2p-Signale zu erkennen. Der Bereich ab 700 eV unterscheidet sich geringfügig aber erkennbar von der Schicht2. Diese Kriterien wurden für alle auf Edelstahlsubstrate abgeschiedenen Schichten angewandt. Die daraus resultierenden Ergebnisse zeigen, dass eine Beschichtung nur nach Vorbehandlung des Edelstahl-Substrates (polieren, reinigen und mit Sauerstoffplasma vorbehandeln) und mit der *dip coating* Technik (60 s Verweilzeit und 50 mm/min Ausziehgeschwindigkeit) möglich ist. Alle anderen Beschichtungsversuche ergaben eine mehr oder minder gestörte Schicht, deren Ergebnisse der Charakterisierung hier nicht weiter aufgeführt werden.

Al 2p- und F 1s-Detailspektren werden in Abbildung 4.18 auf Seite 67 aufgeführt. Die Detailspektren der beiden Schichten können ähnlich den in Abschnitt 4.1.2 auf Seite 37 mit einer Komponente für das Al 2p und mit zwei Komponenten für das F 1s beschrieben werden. wichtige Bindungs- und kinetische Energien sind in Tabelle 4.15 auf Seite 69 für Aluminium und in Tabelle 4.16 auf Seite 70 für Fluor zusammengefasst. Eine Einordnung und Bewertung der gewonnenen Daten auch im Vergleich zu den Referenzsubstanzen und den *in situ* aktivierten/nachfluorierten Proben wird in Abschnitt 4.5 auf Seite 79 vorgenommen.

4.3.3 Substrat: Silizium

Die in dieser Arbeit untersuchten Schichten auf Siliziumwafer wurden ausnahmslos mit der *spin coating* Technik hergestellt. Die Vorbehandlung der Wafer und das Beschichtungsverfahren sind in Abschnitt A.6.1 auf Seite 100 respektive Abschnitt A.6.2 auf Seite 101 aufgeführt. Das Precursor-Sol ausgehend von Aluminiumethoxid in Methanol war auch hier am besten geeignet, um Beschichtungen durchzuführen. Alle weiteren Versuche mit un-

4.3. SCHICHTSYSTEME

terschiedlichem Edukt (Al(O^{i}Pr)$_3$) in verschiedenen Lösungsmitteln (siehe Tabelle A.4 auf Seite 95) führten zu keinen geschlossenen Schichten und waren daher nicht für die Beschichtung geeignet. Die Siliziumwafer ($\varnothing$ = 2 Zoll) wurden nach der Beschichtung, sofern es die Methode zuließ, ungeschnitten untersucht. Für weitere Charakterisierungen und Untersuchungen wurde der Wafer in Quadrate mit 10 mm x 10 mm Kantenlänge geschnitten.

Die elementare Zusammensetzung, welche mit Hilfe der XPS bestimmt wurde, ist in Tabelle 4.14 auf Seite 68 (Schicht1) zusammengefasst. Ein XPS-Übersichtspektrum und Detailspektren für Aluminium und Fluor sind in Abbildung 4.16 auf der nächsten Seite und Abbildung 4.18 auf Seite 67 aufgeführt. Im Übersichtsspektrum und auch in der elementaren Zusammensetzung der Oberfläche konnte kein Silizium nachgewiesen werden. Somit muss die aufgetragene Schicht geschlossen sein, da das Substrat nicht nachgewiesen werden konnte. Die Detailspektren für Aluminium und Fluor zeigen keine Auffälligkeiten und sind ähnlich den Schichten auf Edelstahl mit einer Komponente (für Aluminium) und zwei Komponenten (für Fluor) zu beschreiben. Eine detaillierte Aussage zur energetischen Lage der Signale wird ebenso wie die Ergebnisse der Schichten auf den Edelstahlsubstraten in Abschnitt 4.5 auf Seite 79 aufgeführt.

Aufgrund der Eigenschaften des Siliziumwafers als Substrat konnten zusätzlich noch ellipsometrische Untersuchungen durchgeführt werden. Siliziumwafer sind in der Ellipsometrie oft verwendete und gut untersuchte Substrate, auf denen verschiedenste Arten von Schichten aufgetragen werden. Zusätzlich besitzt ein Siliziumwafer eine definierte Oberfläche, dessen Reinigung [118–122] bekannt ist und auch schon öfters mit Erfolg eingesetzt wurde. Die Schichtdicken- und Brechungsindexverteilung der AlF$_3$(OH)$_{3-x}$-Schicht (Schicht1) ist in Abbildung 4.17 auf der nächsten Seite aufgeführt.

Die für diese AlF$_x$(OH)$_{3-x}$-Schicht ermittelte Schichtdicke beträgt 20,3 $\pm$ 0,7 nm. Der Brechungsindex beträgt n$_{500}$ = 1,40 $\pm$ 0,1. Die Extinktion liegt im gemessenen Wellenlängenbereich von 190 nm bis 1700 nm unterhalb der Nachweisgrenze der Ellipsometrie. Die mittels AFM bestimmte Rauheit beträgt im Mittel 1 nm.

Es ist somit gelungen, eine bezüglich der im vorhergehenden Absatz aufgeführten Eigenschaften homogene AlF$_x$(OH)$_{3-x}$-Schicht auf einem Siliziumwafer abzuscheiden, die zusätzlich auch auf ihre Schichtdicke und ihre optischen Parameter untersucht werden konnte.

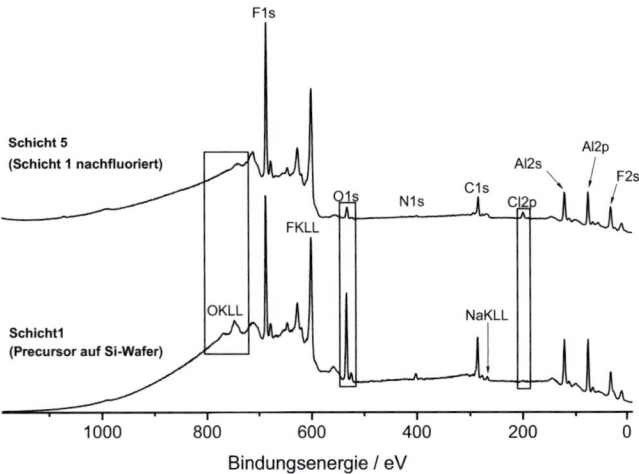

Abbildung 4.16: XPS-Übersichtsspektren für Schicht1 (Al(OEt)$_x$F$_{3-x}$-Precursor auf einem Siliziumwafer) und Schicht4 (*in situ* nachfluorierte Schicht1).

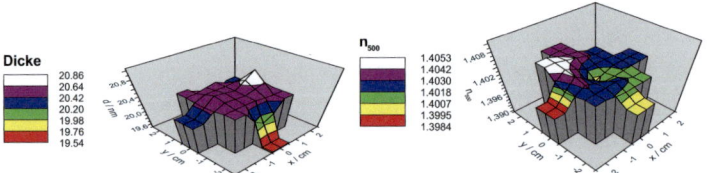

Abbildung 4.17: Schichtdicken- (links) und Brechungsindexverteilung (rechts) für eine AlF$_3$(OH)$_{3-x}$-Schicht auf Siliziumwafer (Schicht1).

4.3. SCHICHTSYSTEME

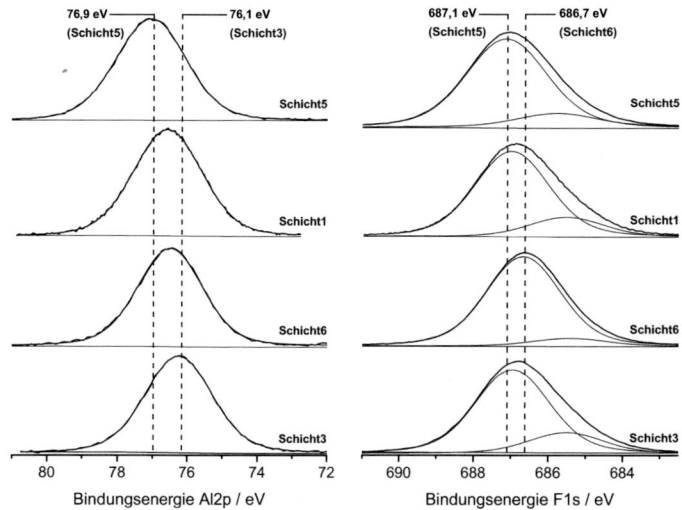

Abbildung 4.18: XPS-Detailspektren für Al 2p (links) und F 1 s(rechts); Schicht1 (Al(OEt)$_x$F$_{3-x}$-Precursor auf einem Silizium-Substrat), Schicht3 (Al(OEt)$_x$F$_{3-x}$-Precursor auf einem Edelstahl-Substrat),Schicht5 (*in situ* nachfluorierte Schicht1), Schicht6 (*in situ* nachfluorierte Schicht3).

Tabelle 4.14: Zusammenfassung der quantitativen Analyse der XPS-Übersichtsspektren für Schicht1 (Al(OEt)$_x$F$_{3-x}$-Precursor auf einem Si-Substrat), Schicht3 (Al(OEt)$_x$F$_{3-x}$-Precursor auf einem Edelstahl-Substrat), Schicht5 (*in situ* nachfluorierte Schicht1), Schicht6 (*in situ* nachfluorierte Schicht3), Pulver3 (AlF$_{1,9}$(OH)$_{1,1}$ · H$_2$O), Pulver6 (*HS*-AlF$_3$ aus Al(OEt)$_3$-Precursor (Durchflussreaktor)), Pulver7 (*HS*-AlF$_3$ aus Al(O^{i}Pr)$_3$-Precursor (Durchflussreaktor)), Pulver8 (*HS*-AlF$_3$ aus Al(OEt)$_3$-Precursor (*in situ* Kammer)), Pulver9 (*HS*-AlF$_3$ aus Aluminiumhydroxidfluorid (*in situ* Kammer)) und Pulver10 (Pulver6 mit Luftkontakt).

Phase	Al [%]	C [%]	F [%]	O [%]	Sonstiges [%]	Verhältnis F : Al	O : Al
α-AlF$_3$	24	8	63	3	N (<1) Na (<1)	2,6	0,1
Schicht1	21	16	42	18	N (2)	2	0,9
Schicht3	21	31	33	14	N (2)	1,6	0,7
Schicht5	26	10	57	5	Na (1) Cl (2)	2,2	0,2
Schicht6	24	12	57	5	N (<1) Cl (3) Na (1)	2,4	0,2
Pulver3	23	14	38	21	N (3)	1,7	0,9
Pulver6	24	13	51	11	N (1)	2,1	0,5
Pulver7	23	9	60	6	N (2)	2,6	0,3
Pulver8	28	3	64	4	Cl (<1)	2,3	0,1
Pulver9	26	6	60	5	N (1) Cl (2)	2,3	0,2
Pulver10	24	10	50	17		2,1	0,7

4.3. SCHICHTSYSTEME

Tabelle 4.15: Zusammenfassung der Bindungs- und kinetischen Energien für Aluminium für Schicht1 (Al(OEt)$_x$F$_{3-x}$-Precursor auf einem Si-Substrat), Schicht3 (Al(OEt)$_x$F$_{3-x}$-Precursor auf einem Edelstahl-Substrat), Schicht5 (*in situ* nachfluorierte Schicht1), Schicht6 (*in situ* nachfluorierte Schicht3), Pulver3 (AlF$_{1,9}$(OH)$_{1,1}$·H$_2$O), Pulver6 (*HS*-AlF$_3$ aus Al(OEt)$_3$-Precursor (Durchflussreaktor)), Pulver7 (*HS*-AlF$_3$ aus Al(O^{i}Pr)$_3$-Precursor (Durchflussreaktor)), Pulver8 (*HS*-AlF$_3$ aus Al(OEt)$_3$-Precursor (*in situ* Kammer)), Pulver9 (*HS*-AlF$_3$ aus Aluminiumhydroxidfluorid (*in situ* Kammer)) und Pulver10 (Pulver6 mit Luftkontakt); Ladungsreferenz: C 1s (285 eV); Anregungsenergie: Mg K$_\alpha$ (1253 eV)

Phase/ Name	E_B (FWHM) Al 2s [eV]	Al 2p [eV]	E_{kin} Al KLL [eV]	α' [eV]
α-AlF$_3$	121,6 (2,8)	76,7 (1,9)	1383,2	1459,9
Schicht1	121,2 (3,3)	76,4 (2,5)	1383,5	1459,9
Schicht3	121,0 (3,3)	76,1 (2,4)	1383,5	1459,6
Schicht5	121,8 (3,3)	76,9 (2,5)	1382,8	1459,7
Schicht6	121,2 (3,2)	76,4 (2,3)	1383,1	1459,5
Pulver3	120,9 (3,2)	76,0 (2,5)	1383,8	1459,8
Pulver6	121,5 (3,6)	76,7 (3,3)	1383,4	1460,1
Pulver7	121,9 (3,3)	77,0 (3,1)	1382,6	1459,6
Pulver8	121,9 (3,8)	77,0 (3,3)	1382,7	1459,7
Pulver9	121,4 (3,6)	76,6 (3,0)	1382,7	1459,3
Pulver10	121,1 (3,3)	76,2 (2,6)	1383,3	1459,5

Tabelle 4.16: Zusammenfassung der Bindungs- und kinetischen Energien für Fluor für Schicht1 (Al(OEt)$_x$F$_{3-x}$-Precursor auf einem Si-Substrat), Schicht3 (Al(OEt)$_x$F$_{3-x}$-Precursor auf einem Edelstahl-Substrat), Schicht5 (*in situ* nachfluorierte Schicht1), Schicht6 (*in situ* nachfluorierte Schicht3), Pulver3 (AlF$_{1,9}$(OH)$_{1,1}$ · H$_2$O), Pulver6 (*HS*-AlF$_3$ aus Al(OEt)$_3$-Precursor (Durchflussreaktor)), Pulver7 (*HS*-AlF$_3$ aus Al(O^{i}Pr)$_3$-Precursor (Durchflussreaktor)), Pulver8 (*HS*-AlF$_3$ aus Al(OEt)$_3$-Precursor (*in situ* Kammer)), Pulver9 (*HS*-AlF$_3$ aus Aluminiumhydroxidfluorid (*in situ* Kammer)) und Pulver10 (Pulver6 mit Luftkontakt); die Hauptspezies ist fett markiert und der mod. Augerparamter α' wurde nur für diese bestimmt; die Halbwertsbreite (FWHM) steht in Klammern hinter dem entsprechenden Wert; Ladungsreferenz: C 1s (285 eV); Anregungsenergie: Mg K$_\alpha$ (1253 eV)

Phase/	E_B (FWHM)		E_{kin}	α'
Name	F 1s [eV]	O1 s	F KLL [eV]	[eV]
α-AlF$_3$	**687,2 (2,3)**	n. b.	652,2	1339,4
	685,4 (2,3)			
Schicht1	**687,0 (2,6)**	**535,4 (2,6)**	652,8	1339,8
	685,5 (2,6)	533,4 (2,6)		
		532,1 (2,6)		
Schicht3	**686,9 (2,8)**	534,6 (2,9)	653,0	1339,9
	685,5 (2,6)	**533,0 (2,9)**		
Schicht5	**687,1 (2,8)**	**534,1 (2,9)**	652,5	1339,6
	685,8 (2,8)	532,3 (2,9)		
Schicht6	**686,7 (2,6)**	533,7 (2,5)	652,7	1339,4
	685,4 (2,6)	**532,2 (2,5)**		
Pulver3	**687,1 (2,6)**	534,1 (2,6)	652,6	1339,4
	685,9 (2,6)	**533,0 (2,6)**		
Pulver6	**687,5 (3,0)**	533,9 (2,7)	652,1	1339,6
	686,0 (3,0)	532,2 (2,7)		
Pulver7	**687,6 (3,1)**	**534,3 (3,0)**	651,8	1339,4
	686,1 (3,1)	532,4 (3,0)		
Pulver8	**687,2 (3,3)**	**534,8 (3,1)**	652,0	1339,2
	685,1 (3,3)	532,7 (3,1)		
Pulver9	**686,5 (3,1)**	534,2 (3,0)	652,4	1338,9
	684,3 (3,1)	532,5 (3,0)		
Pulver10	**687,1 (3,1)**	534,0 (2,5)	652,3	1339,4
	684,3 (3,1)	532,8 (2,5)		

4.4 Aktivierung/Nachfluorierung

Die Aktivierung/Nachfluorierung erfolgte in allen Fällen mit Freon R22 ($CHClF_2$). Die allgemeine Durchführung bzw. die Synthese von HS-AlF_3 ist in Abschnitt A.5.3 auf Seite 95, die Durchführung in der *in situ* Präparationskammer in Abschnitt A.7 auf Seite 103 aufgeführt.

Die Untersuchungen zur katalytischen Aktivität bzw. der Möglichkeit, HS-AlF_3 auch in Schichtsystemen herzustellen wurden in zwei Teilschritten durchgeführt. Um eine Vorstellung der nötigen Temperaturen und Reaktionszeiten zu erlangen, müssen zuerst sowohl im Durchflussreaktor als auch in der *in situ* Präparationskammer die den Schichten in ihrer Zusammensetzung entsprechenden Pulverproben untersucht werden.

HS-AlF_3, welches nach der etablierten Methode im Durchflussreaktor synthetisiert wurde (siehe Abschnitt A.5.3 auf Seite 95) und dessen Satz an analytischen Daten fast vollständig ist, dient hier ebenso wie die Aluminiumfluoride und Aluminiumhydroxidfluoride als Referenzsubstanz für die XPS. Hierfür wurde sowohl der $AlF_x(OEt)_{3-x}$-Precursor in Methanol als auch der $AlF_x(O^iPr)_{3-x}$-Precursor in Isopropanol synthetisiert und danach im Durchflussreaktor nachfluoriert. Der Transport zur Bundesanstalt für Materialforschung und -prüfung (BAM) geschah unter Inertbedingungen in eigens dafür angefertigten Schlenkrohren. Das aus dem $AlF_x(OEt)_{3-x}$-Precursor gewonnene HS-AlF_3 wird im Folgenden als Pulver6, das aus dem $AlF_x(O^iPr)_{3-x}$-Precursor gewonnene HS-AlF_3 als Pulver7 deklariert. Pulver8 ist ein in der *in situ* Präparationskammer ausgehend vom $AlF_x(OEt)_{3-x}$-Precursor hergestelltes HS-AlF_3. Der Precursor wurde dafür ebenfalls unter Inertbedingungen transportiert. Dadurch wird bei diesem HS-AlF_3 ein Kontakt mit Luft und dem darin enthaltenen Wasser, der bei der Standardsynthese und beim Einschleusen in die Präparationskammer des XPS-Spektrometers nicht vermieden werden kann, komplett umgangen. Da durch mehrere Untersuchungen [22] bewiesen werden konnte, dass HS-AlF_3 innerhalb der ersten Minute, in der es mit der Umgebungsluft in Kontakt kam, ca. 10 % seines Gewichtes an Wasser aufnimmt, kann durch eine Vermeidung von Luftkontakt diese Aufnahme und eine dadurch begünstigte oder gar erst mögliche gemachte Hydrolyse unterbunden werden. Pulver9 ist ein ebenso in der *in situ* Präparationskammer nachfluoriertes Aluminiumhydroxidfluorid, welches durch die Hydrolyse von einem $AlF_x(OEt)_{3-x}$-Precursor synthetisiert wurde. Da alle untersuchten Beschichtungen mit eben jenem Precursor unter Normalbedingungen, d. h. unter Normalatmosphäre hergestellt wurden, besteht die gewonnene Schicht aus einem Aluminiumhydroxidfluorid. Somit dient das nachfluorierte Aluminiumhydroxidfluorid als Referenzsubstanz sowohl für die XPS als auch für die Bedingungen, unter denen die Nachfluorierung durchgeführt werden muss. Pulver10 ist an der Luft gelagertes Pulver6 und kann somit auch als Referenzsubstanz herangezogen werden. Zusätzlich kann mit der Probe der Einfluss der Luft und der darin enthaltenen Feuchtigkeit dokumentiert werden.

Ebenso wie einige Pulverproben wurden auch die beiden geschlossenen Schichten Schicht1 (Substrat = Siliziumwafer) und Schicht3 (Substrat = Edelstahl) aus dem Abschnitt 4.3 auf Seite 59 in der *in situ* Präparationskammer nachfluoriert. Diese werden im Folgenden Schicht5 (Substrat = Siliziumwafer) und Schicht6 (Substrat = Edelstahl) genannt. Somit ergeben sich folgende Probenbezeichnungen:

- **Pulver6** – HS-AlF_3 aus $Al(OEt)_3$-Precursor (Durchflussreaktor)

- **Pulver7** – HS-AlF_3 aus $Al(O^iPr)_3$-Precursor (Durchflussreaktor)

- **Pulver8** – HS-AlF_3 aus $Al(OEt)_3$-Precursor (*in situ* Kammer)

- **Pulver9** – HS-AlF_3 aus Aluminiumhydroxidfluorid (*in situ* Kammer)

- **Pulver10** – an Luft gelagertes Pulver6 (HS-AlF_3)

- **Schicht5** – Schicht1 (Siliziumwafer) nachfluoriert (*in situ* Kammer)

- **Schicht6** – Schicht3 (Edelstahl) nachfluoriert (*in situ* Kammer)

In den folgenden zwei Abschnitten werden die Ergebnisse der Pulverproben und der Schichten getrennt beschrieben. Eine ausführlichere Betrachtung der Ergebnisse und vor allem der Vergleich aller aktivierten/nachfluorierten Proben wird im Folgeabschnitt aufgeführt.

4.4.1 Pulverproben

In Tabelle 4.17 auf der nächsten Seite sind die Dismutierungsaktivität und das Temperaturprogramm für die Nachfluorierung zusammen gefasst. Die Daten vor allem für die katalytische Aktivität zeigen, dass eine Nachfluorierung in der *in situ* Kammer möglich ist. Der Umsatz ist erwartungsgemäß niedriger, da das Verhältnis zwischen Pulverprobe/Precursor und

4.4. AKTIVIERUNG/NACHFLUORIERUNG

Tabelle 4.17: Zusammenfassung der Temperatur, Dauer der Nachfluorierung und des Umsatzes für Pulverproben und Schichten

Name	Edukt	Ort	Dauer [min]	Temperatur [°C]	Umsatz [%]
Schicht5	$AlF_x(OEt)_{3-x}$[a]	in situ Kammer	120	150	n. b.[b]
			120	250	3
			_[c]	rt	0
Schicht6	$AlF_x(OEt)_{3-x}$[a]	in situ Kammer	120	150	n. b.[b]
			120	250	3
			_[c]	rt	0
Pulver6	$AlF_x(OEt)_{3-x}$	Durchflussreaktor	60	100	n. b.[b]
			60	150	n. b.[b]
			120	200	1
			120	230	6
			60	240	11
			90	250	100
			_[c]	rt	100
Pulver7	$AlF_x(O^iPr)_{3-x}$	Durchflussreaktor	60	100	n. b.[b]
			60	150	n. b.[b]
			120	220	4
			120	240	96
			60	250	96
			_[c]	rt	100
Pulver8	$AlF_x(OEt)_{3-x}$	in situ Kammer	120	150	n. b.[b]
			120	250	30
			_[c]	rt	14
Pulver9	$AlF_x(OH)_{3-x}$	in situ Kammer	120	150	n. b.[b]
			120	250	23
			_[c]	rt	3

[a] Die Schicht setzt sich aus $AlF_x(OH)_{3-x}$ zusammen, da die Beschichtung unter Normalatmosphäre durchgeführt wurde und der Precursor ($AlF_x(OEt)_{3-x}$) ähnlich den Pulvern hydrolysiert
[b] n. b. = nicht bestimmt
[c] Messungen bei Raumtemperatur wurden durchgeführt, sobald die Probe genug abgekühlt war

des Gasvolumens und die daraus resultierende Kontaktzeit in der *in situ* Kammer sich stark vom Durchflussreaktor unterscheidet. Zusätzlich sind die Strömungsverhältnisse im Durchflussreaktor und damit auch die Formierungskinetik im Vergleich zur *in situ* Kammer gänzlich verschieden. In der *in situ* Kammer hat aufgrund der räumlichen Gegebenheiten nur ein Bruchteil des Pulvers an der Oberfläche Kontakt zur Gasphase, während im Durchflussreaktor das Pulver vollständig durchströmt wird. Die katalytische Aktivität bei Raumtemperatur nach der Nachfluorierung, die auch ein Qualitätsmerkmal des so synthetisierten *HS*-AlF$_3$ ist, ist bei Proben aus der *in situ* Kammer geringer (100 % im Durchflussreaktor im Vergleich zu 0 % bis mximal 14 %).

Die in Tabelle 4.14 auf Seite 68 zusammen gefasste Charakterisierung der Elemente zeigt, dass sowohl die Pulverproben aus dem Durchflussreaktor als auch die in der *in situ* Kammer aktivierten ähnliche Verhältnisse von Aluminium zu Fluor und Sauerstoff haben. Zusätzlich ist ein geringer Anteil an Chlor bei den in der *in situ* Kammer hergestellten Proben zu beobachten. Hess et al. [99] und Böse et al. [97] hatten bei der Formierung von Al$_2$O$_3$ mit R22 ebenso den Einbau von Chlor beobachten können. Interessanterweise kann bei den im Durchflussreaktor synthetisierten Pulverproben kein Chlor nachgewiesen werden. Die chlorhaltige Spezies an der Oberfläche könnte analog des ACF durch Luftkontakt hydrolysiert und somit zerstört worden sein. Da die im Durchflussreaktor synthetisierten Pulverproben bei der Überführung in die Schleusenkammer des XPS-Spektrometers zwangsläufig kurz Kontakt mit der Umgebungsluft haben, kann eben jener reichen, um die chlorhaltige Spezies zu hydrolysieren. Pulverproben, die in der *in situ* Kammer nachfluoriert/aktiviert wurden und definitiv Chlor beinhalten, zeigen aber auch nach zehn Minuten Luftkontakt signifikante Mengen an Chlor. Der Aufbau zur Nachfluorierung/Aktivierung der *in situ* Kammer ist im Vergleich zum Durchflussreaktor unterschiedlich. So ist z. B. die Größe, die Strömungsverteilung und das Verhältnis von Gasphase zu Probe nicht vergleichbar. Ob und inwieweit das Chlor wichtig ist für die katalytische Aktivität, kann abschließend nicht gesagt werden. Kemnitz et al. [123, 124] postulierten, dass Chlor für die katalytische Aktivität von großer Wichtigkeit sei. Dem widerspricht das Fehlen von Chlor in den Pulverproben, die im Durchflussreaktor synthetisiert wurden, wenn die Hydrolyse ausgeschlossen werden kann. Um dieses abschließend untersuchen zu können, müsste ein komplett unter Inertbedingungen garantierter Transport und Einschleusen der Proben möglich sein. Der apparative Aufwand hierfür ist jedoch sehr hoch und wurde im Laufe dieser Arbeit nicht in Angriff genommen. Der Chlorgehalt und die damit fehlende Hydrolyse der chlorhaltigen Spezies der in der *in situ* Kammer synthetisierten und danach mit Luft in Kontakt gebrachten Pulverprobe zeigt jedoch, dass jene chlorhaltige Spezies, sofern diese vergleichbar ist, gegenüber Luftkontakt stabil ist.

Pulver9, ein Aluminiumhydroxid aus vergleichbarem $AlF_x(OEt)_{3-x}$-Precursor-Sol, welches auch zur Beschichtung verwendet wurde, kann in der *in situ* Kammer nachfluoriert/aktiviert werden. Die Pulverprobe zeigt sowohl bei hohen Temperaturen (250 °C) als auch bei Raumtemperatur katalytische Aktivität (23 % bei 250 °C und 3 % bei Raumtemperatur; siehe Tabelle 4.14 auf Seite 68 und Tabelle 4.17 auf Seite 73). Ausgehend von den Ergebnissen für diese Probe können nun Rückschlüsse auf die benötigten Temperaturen als auch auf die Zusammensetzung und Bindungsenergien der unterschiedlichen Elemente bei der Nachfluorierung/Aktivierung der Schichten gezogen werden.

Die XPS-Übersichtsspektren (Abbildung 4.19 auf der nächsten Seite), Al 2p- und F 1s-Detailspektren zeigen ein ähnliches Bild wie alle bisher untersuchten Referenzproben. Aus den unterschiedlichen Intensitäten verschiedener Elemente oder das Vorhandensein von Chlor in den Übersichtsspektren resultieren die im vorhergehenden Absatz aufgeführten Ergebnisse. Der Vergleich eines Aluminiumhydroxidfluorides, in diesem Fall Pulver3 ($AlF_{1,9}(OH)_{1,1} \cdot H_2O$), mit *HS*-$AlF_3$ Proben zeigt eine zu erwartende Abnahme der Intensität des O 1s- und C 1-Signals beim *HS*-AlF_3 aufgrund des Austausches von Sauerstoff (O^{2-} bzw. OH^-) bzw. Alkoholatresten durch Fluor. Die F 1s- und Al 2p-Detailspektren können mit zwei Komponenten respektive einer Komponente beschrieben werden. Sie unterscheiden sich dementsprechend nicht von den in dieser Arbeit untersuchten Referenzproben. Unterkoordinierte Aluminiumzentren oder endständige, nicht verbrückende Fluoratome können so auch in *in situ* präparierten Proben nicht nachgewiesen werden.

Es konnte prinzipiell gezeigt werden, dass eine Synthese von *HS*-AlF_3 Pulver in der *in situ* Kammer und ein Nachweis von Dismutierungsaktivität möglich ist.

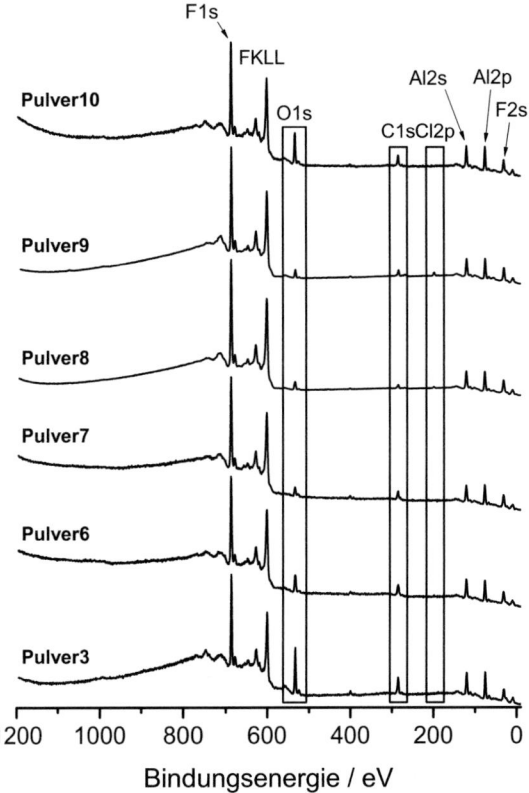

Abbildung 4.19: XPS-Übersichtsspektren für Pulver3 (AlF$_{1,9}$(OH)$_{1,1}$·H$_2$O), Pulver6 (HS-AlF$_3$ aus Al(OEt)$_3$-Precursor (Durchflussreaktor)), Pulver7 (HS-AlF$_3$ aus Al(O^{i}Pr)$_3$-Precursor (Durchflussreaktor)), Pulver8 (HS-AlF$_3$ aus Al(OEt)$_3$-Precursor (*in situ* Kammer)), Pulver9 (HS-AlF$_3$ aus Aluminiumhydroxidfluorid (*in situ* Kammer)) und Pulver10 (Pulver6 mit Luftkontakt).

4.4. AKTIVIERUNG/NACHFLUORIERUNG 77

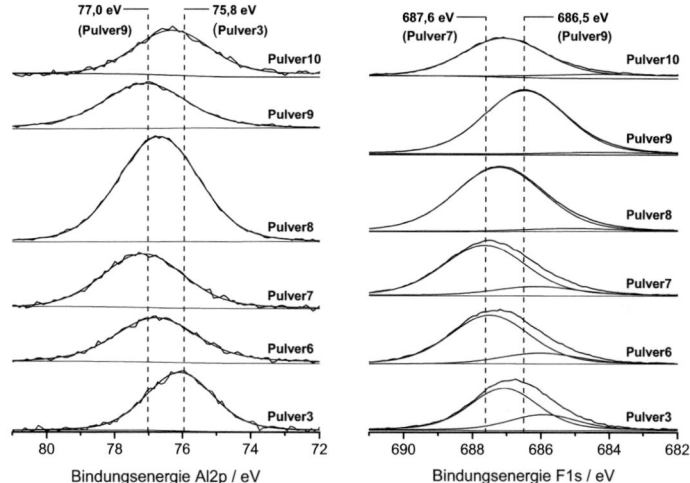

Abbildung 4.20: XPS-Detailspektren für Al 2p (links) und F 1s (rechts) für Pulver3 ($AlF_{1,9}(OH)_{1,1} \cdot H_2O$), Pulver6 (*HS*-$AlF_3$ aus $Al(OEt)_3$-Precursor (Durchflussreaktor)), Pulver7 (*HS*-AlF_3 aus $Al(O^iPr)_3$-Precursor (Durchflussreaktor)), Pulver8 (*HS*-AlF_3 aus $Al(OEt)_3$-Precursor (*in situ* Kammer)), Pulver9 (*HS*-AlF_3 aus Aluminiumhydroxidfluorid (*in situ* Kammer)) und Pulver10 (Pulver6 mit Luftkontakt).

4.4.2 Schichtsysteme

Für die Schichten sind in Tabelle 4.17 auf Seite 73 die Dismutierungsaktivität und das Temperaturprogramm für die Nachfluorierung ebenso zusammen gefasst. Beide nachfluorierten/aktivierten Schichten zeigen eine wenn auch sehr geringe katalytische Aktivität. Leermessungen der *in situ* Kammer sowohl komplett leer oder aber mit Probenträger und auch den nicht beschichteten Substraten haben gezeigt, dass keine Dismutierung beobachtet werden kann. Die 3 % Umsatz sind dementsprechend auf die Beschichtungen zurückzuführen. Aufgrund der sehr geringen Menge an Substanz, die durch die sehr dünnen Schichten und die geringe Größe der beschichteten Substrate vorgegeben ist, sind die Umsätze sehr niedrig. Ein Umsatz konnte nach der Nachfluorierung/Aktivierung bei Raumtemperatur nicht beobachtet werden. Die ebenso in Tabelle 4.14 auf Seite 68 (siehe auch Abbildung 4.15 auf Seite 63 und Abbildung 4.16 auf Seite 66) zusammengefasste Charakterisierung der Elemente zeigt jedoch, dass ein Austausch von Sauerstoff durch Fluor stattgefunden haben muss. Die Verschiebung der Bindungs- und kinetischen Energie von Aluminium und Fluor (siehe Tabelle 4.15 auf Seite 69 und Tabelle 4.16 auf Seite 70) auch im Vergleich zu den Referenzproben zeigt die zu erwartende Richtung und Größe für eine *HS*-AlF_3-Schicht. Ein detaillierter Vergleich auch mit Hilfe der Wagnerplots ist in Abschnitt 4.5 auf der nächsten Seite aufgeführt.

Schicht5, (*in situ* nachfluorierte Schicht1; siehe Abschnitt 4.3.3 auf Seite 64) konnte nach der Nachfluorierung/Aktivierung mit Hilfe der Ellipsometrie untersucht werden. Die Dicke der Schicht auf dem Siliziumwafer nahm von 20,3 nm um ca. 6 nm auf 14,0 nm nach der Nachfluorierung/Aktivierung im Mittel aufgrund von Sinterungsprozessen ab. Der Brechungsindex nahm im Gegenzug begünstigt durch temperaturbedingte Sinterung und der damit einhergehenden geringeren Porösität von $n_{500} = 1,40$ auf $n_{500} = 1,46$ zu. Die Extinktion im gemessenen Wellenlängenbereich von 190 nm bis 1700 nm lag ebenso unterhalb der Nachweisgrenze der Ellipsometrie.

Die homogene, in Abschnitt 4.3.3 auf Seite 64 erstmals vorgestellte $AlF_x(OH)_{3-x}$-Schicht auf einem Siliziumwafer konnte somit nachfluoriert/aktiviert werden, wobei danach sogar die optischen Parameter bestimmt werden konnten. Die Schicht blieb klar, bildete keine Risse und könnte so auch optischen Anwendungen genügen.

Die in Abbildung 4.18 auf Seite 67 aufgeführten Al 2p- und F 1s-Detailspektren zeigen wie auch die vorangegangenen nachfluorierten/aktivierten Proben keine Unterschiede zu den Referenzproben.

Es konnte also gezeigt werden, dass Schichten sowohl auf einem Siliziumwafer als auch auf Edelstahl nachfluoriert und aktiviert werden können. Im Falle der Schicht auf dem Siliziumwafer konnten sogar wichtige optische Parameter bestimmt werden.

4.5 Vergleich der aktivierten Proben

Die in Abbildung 4.21 auf der nächsten Seite und Abbildung 4.22 auf Seite 81 aufgeführten Wagnerplots fassen alle nachfluorierten/aktivierten Proben zusammen. Zusätzlich wurden einige ausgewählte Referenzsubstanzen mit abgebildet.

Die Verschiebung der Bindungs- und kinetischen Energien von Aluminium und Fluor durch die Nachfluorierung/Aktivierung werden durch die Pfeile verdeutlicht. Die Zunahme von Fluor und gleichzeitige Abgabe von Sauerstoff und die damit einhergehende Verschiebung ist vergleichbar mit den Referenzsubstanzen. Die Precursoren bzw. Precursorschichten liegen in den Wagnerplots entweder nahe den Aluminiumhydroxidfluoriden oder im Bereich zwischen den Aluminiumhydroxidfluoriden und den reinen Aluminiumfluoriden. Es verwundert daher nicht, dass durch die Erhöhung des Fluor- und Verringerung des Sauerstoffgehaltes, die untersuchten Proben in Richtung der reinen Aluminiumfluoride wandern und vice versa für das HS-AlF_3, welches mit Luft in Kontakt kam. Im Falle der Schichten verändert sich der modifizierte Augerparameter α' kaum, im Falle der Pulverproben doch erheblich. Die Struktur des HS-AlF_3 ähnelt dem des β-AlF_3, wobei die Aluminiumhydroxidfluoride alle einen der Pyrochlorstruktur ähnlichen Aufbau besitzen. Da der modifizierte Augerparamter bzw. die Änderung dessen auf die Struktur der zu vergleichenden Proben schließen lässt, ist eine Änderung im Falle der Pulverproben aufgrund der Strukturänderung zu erwarten.

Die hier aufgeführten Ergebnisse zeigen, dass die in Abschnitt 4.1.4 auf Seite 47 getroffene Aussage über die mögliche Einordnung der nachfluorierten/aktivierten Proben aufgrund ihrer Lage im Wagnerplot richtig ist. Unter Berücksichtigung der durch die Elementaranalyse (siehe Abschnitt A.5.3 auf

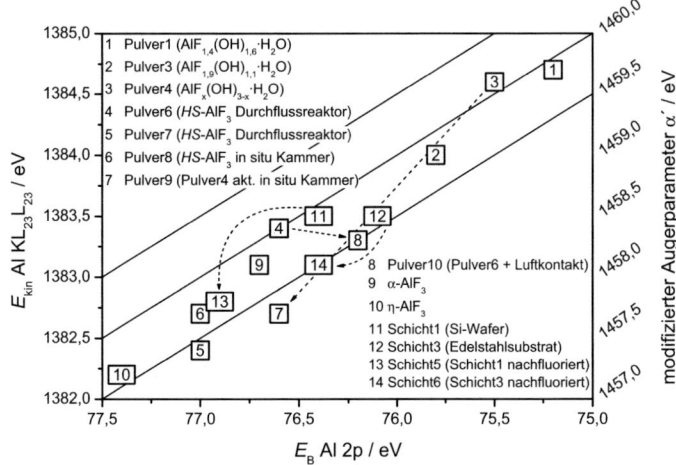

Abbildung 4.21: Wagnerplot für Pulverproben und Schichtsysteme sowie die entsprechenden nachfluorierten/aktivierten Proben unter Berücksichtigung der Bindungs- und kinetischen Energie für das Al 2p- und Al KLL-Signal.

Seite 95) und der XPS (siehe Tabelle 4.14 auf Seite 68) erhaltenen Zusammensetzung nehmen die untersuchten Proben in den jeweiligen Wagnerplots die erwartete Position ein. Es können also mit Hilfe der XPS und der daraus resultierenden Wagnerplots Rückschlüsse auf die Zusammensetzung und auch der katalytischen Aktivität gezogen werden.

4.5. VERGLEICH DER AKTIVIERTEN PROBEN

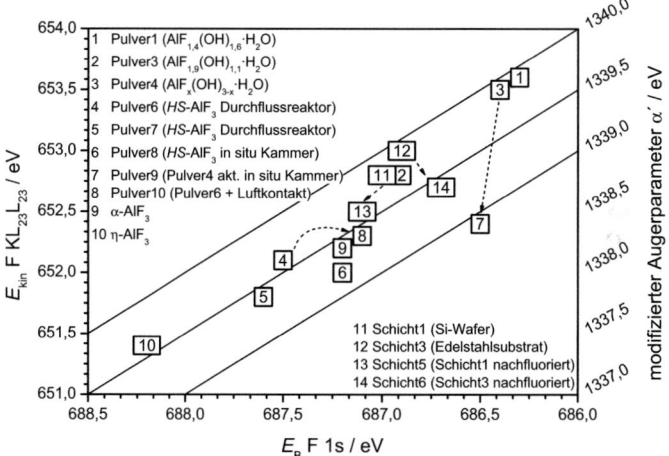

Abbildung 4.22: Wagnerplot für Pulverproben und Schichtsysteme sowie die entsprechenden nachfluorierten/aktivierten Proben unter Berücksichtigung der Bindungs- und kinetischen Energie für das F 1s- und F KLL-Signal.

Kapitel 5

Zusammenfassung

Im Laufe dieser Arbeit konnte gezeigt werden, dass eine Beschichtung von Silizium- und Edelstahlsubstraten mit Aluminiumhydroxidfluoriden und eine weiterführende Nachfluorierung/Aktivierung mit $CHClF_2$ zu katalytisch aktiven Aluminiumfluoridschichten prinzipiell möglich ist. Sowohl die Parameter für die Synthese des verwendeten Sols – Ausgangsalkoxid, Lösungsmittel, Reaktionsführung und Konzentration – als auch die Beschichtungsroutinen und die notwendige Vorbehandlung der Substrate konnten optimiert werden.

Um detaillierte Aussagen über die chemische Zusammensetzung und auch die chemischen Eigenschaften der Schichten treffen zu können, wurde ebenso eine umfangreiche Referenzsubstanzbibliothek synthetisiert und mit Hilfe der XPS charakterisiert. Im Zuge dessen wurde die Nachfluorierung/Aktivierung von Pulverproben *in situ* und ohne Luft- und damit auch Wasserkontakt mit der Photoelektronenspektroskopie untersucht, um eine Aussage zum einen über die nachfluorierten und aktivierten Schichten und zum anderen über die katalytisch aktive Spezies des hochaktiven *HS*-AlF_3 treffen zu können. Vor allem im Hinblick auf die nachfluorierten und aktivierten Schichten ist es von immenser Bedeutung, eine Vorstellung über diese katalytisch aktiven Spezies zu haben, um diese dann auch auf den Schichten nachweisen zu können. Insgesamt wurden reine Aluminiumfluoridphasen (α-, β-, η, ϑ und κ), Aluminiumhydroxidfluoride mit unterschiedlicher Zusammensetzung, *HS*-AlF_3, welches entweder im Durchflussreaktor oder direkt in der in-situ Kammer synthetisiert wurde und nachfluorierte/aktivierte Aluminiumhydroxidfluoride untersucht und charakterisiert. Die Untersuchungen mit der XPS ergaben jedoch, dass keine ungewöhnliche Spezies sowohl für Fluor als auch für Aluminium gefunden werden konnten. Die Frage, was die nachgewiesene hohe Lewisacidität des HS-AlF$_3$ verursacht, konnte mit den in dieser Arbeit verwendeten Methoden nicht beantwortet werden und bedarf weiterer Untersuchung. Die angelegte Referenzsubstanzbibliothek ist eine der umfangreichsten, die bis zum jetzigen Zeitpunkt erstellt wurde. Es wurden erstmalig neue Aluminiumfluoridphasen (η, ϑ und κ) und Aluminiumhydroxidfluoride mit verschiedener Zusammensetzung untersucht und charakterisiert.

Alle untersuchten Proben, sowohl die Pulverproben als auch die Schichten, konnten mit Hilfe der über die XPS bestimmten Bindungs- und kinetischen Energien untereinander verglichen werden. Ein Zusammenhang konnte sowohl für diese Daten als auch die daraus resultierenden Wagnerplots und modifizierten Augerparameter hergestellt werden. Unbekannte Proben können nun eingeordnet werden und eine erste Einschätzung zur Struktur und Reaktivität ist ebenso möglich.

Die in der *in situ* Kammer nachfluorierten und aktivierten Proben zeigten eine den jeweiligen Kontaktzeiten entsprechende Dismutierungsaktivität von CHClF$_2$. Für die Schicht auf Silizium konnte sogar erstmalig vor und nach der Nachfluorierung in der *in situ* Kammer sowohl die Schichtdicke bestimmt als auch die morphologischen und optischen Eigenschaften charakterisiert werden. Es ist also möglich, Aluminiumfluoridschichten nachträglich chemisch zu verändern, ohne dass die Schicht nachhaltig gestört wird. Die Schicht könnte auch je nach Anforderung an die optische Qualität für optische Anwendungen interessant sein.

Anhang A

Experimenteller Teil

A.1 Allgemeine Arbeitstechniken

Alle Arbeiten wurden, sofern nicht anders angegeben, in einer Inertgasatmosphäre aus Argon (99.999 %) unter Auschluss von Sauerstoff und Feuchtigkeit mit Hilfe der Schlenkrohr-Technik oder in einer Glovebox der Firma MBraun durchgeführt.

Glasgeräte und -apparaturen wurden zur Reinigung nacheinander in einem KOH/^{i}PrOH-Bad und einem verdünnten HCl-Bad für mehrere Stunden gelagert und anschließend mit deionisiertem Wasser gespült. Die so gereinigten Glasgeräte und -apparaturen wurden nachfolgend in einem Trockenschrank bei 120 °C für mehrere Stunden gelagert und vor der Benutzung im Vakuum (10^{-3} mbar) mit Hilfe einer Heißluftpistole ausgeheizt.

Bei Tieftemperaturreaktionen wurden die Reaktionsgefäße von außen mit einem Isopropanol-Trockeneis-Kältebad der entsprechenden Temperatur gekühlt.

Präparativ verwendete Lösungsmittel wurden durch mehrtägiges Sieden am Rückfluss unter Inertgasatmosphäre in Gegenwart von geeigneten Trocknungsmitteln (siehe Tabelle A.1 auf der nächsten Seite) absolutiert, bei Normaldruck destilliert und über Molsieb (3 Å) unter Inertgasmosphäre gelagert.

Kleinere Mengen an Lösungsmittel und Reaktionslösungen wurden mit Hilfe von Edelstahlkanülen, bei höher viskosen Reaktionslösungen mit Hilfe von Teflonkanülen mit größerem Innendurchmesser überführt. Die Zugabe von genauen Volumina erfolgte entweder mit Fortunapipetten, bei HF-haltigen Lösungsmitteln mit einer Messpipette aus PP, oder Einwegspritzen

Tabelle A.1: Trocknung von Lösungsmitteln

Lösungsmittel	Vortrocknung	Trocknung
Diethylether	KOH	Natrium/Benzophenon
Isopropanol	$NaSO_4$	Natrium
Methanol	$NaSO_4$	Magnesium
Pentan	-	Calciumhydrid
Toluol	$CaCl_2$	Natrium/Benzophenon

die vorher im Argonstrom gespült wurden.

A.2 Herkunft der verwendeten Chemikalien

Alle kommerziell erworbenen Chemikalien wurden, sofern nicht anders angegeben, ohne weitere Reinigung bzw. Aufarbeitung verwendet.

Feste Stoffe

Aluminiumethoxid	Fluka, purum >97%
Aluminiumisopropoxid	Aldrich 98+ %
α-Aluminiumfluorid	Aldrich 99 %

Flüssige Stoffe

1,2-Dibromhexafluoropropan	Fluorochem 99 %
Isopropanol	Aldrich 99,9 %
Methanol	Aldrich 99,9 %
Wasserstoffperoxid	Fluka, 30 %
Ammoniumhydroxid-Lösung	Fluka, 25 %

Gase

Chlordifluormethan (R22)	Solvay
Fluorwasserstoff	Solvay

A.3 Methoden zur Oberflächencharakterisierung

A.3.1 Photoelektronenspektroskopie (XPS)

Alle elektronenspektroskopische Untersuchungen wurden mit Hilfe eines Elektronenspektrometers der Firma VG Scientific (ESCALAB 200X) durchgeführt. Die Anregung erfolgte ausschließlich mit nichtmonochromatischer Mg K_α Röntgenstrahlung (1253,6 eV) und die Detektion der Photoelektronen mit einem hemisphärischen Energieanalysator. Übersichtsspektren wurden im FRR-Modus, d. h. mit einem konstanten Abbremsverhältnis von 10, Detailspektren im FAT-Modus mit einer konstanten Passenergie von 20 eV gemessen. Der Druck betrug in der Messkammer je nach Beschaffenheit der zu messenden Probe zwischen 10^{-8} und 10^{-9} mbar.

Das Elektronenspektrometer wurde jeden zweiten Monat auf die korrekte Energiekalibrierung nach dem in der Norm ISO 15472:2001 beschriebenen Verfahren überprüft und justiert. Der instrumentelle Fehler, welcher bei der Kalibrierung ebenso bestimmt wurde, beträgt 0,2 eV.

Pulverproben wurden entweder mit einem doppelseitigen Klebeband auf dem Probenhalter fixiert oder in einen Pulvertrog gefüllt und mit einem entsprechenden Stempel aus Edelstahl fest gepresst. Aufgrund der hohen Temperatur während der Nachfluorierung/Aktivierung konnten die Pulverproben nicht mit einem doppelseitigen Klebeband befestigt werden. Diese wurden sowohl vor als auch nach der Nachfluorierung/Aktivierung in den oben genannten Pulvertrögen gemessen. Alle anderen Pulverproben wurden mit doppelseitigem Klebeband fixiert. Beschichtete Substrate wurden mit Schrauben auf den Probenträgern fixiert.

Die Interpretation der Übersichtsspektren und die qualitative Bestimmung der chemischen Zusammensetzung erfolgte mit dem Programm Avantage V. 3.89 von der Firma Thermo. Für die Analyse der Zusammensetzung wurde ein Untergrund nach Shirley [125] und die von Scofield [126] berechneten Wirkungsquerschnitte verwendet. Mit Hilfe der Wirkungsquerschnitte können Rückschlüsse auf die Atommenge der jeweiligen Elemente gezogen werden. Unter Berücksichtigung der Gesamtatommenge kann so der prozentuale Anteil der vorhandenen Elemente bestimmt werden. Detailspektren wurden mit dem Programm Unifit 2004 von R. Hesse [127] ausgewertet und interpretiert. Die detaillierte Auswertung erfolgte mit einer Faltung von

Tabelle A.2: Lorentzpeakbreite unterschiedlicher Elemente

	C [eV]	N [eV]	O [eV]	F [eV]
Lorentzpeakbreite	0,3	0,4	0,5	0,6

einer Gauss- und Lorentzfunktion als *peak shape model*. Die Untergrundkorrektur wurde mit und nicht vor der Kurvenanpassung durchgeführt. Die Lorentzpeakbreite wurde bei Photoelektronenpeaks für C, N, O und F festgelegt (siehe Tabelle A.2), da diese die Lebensdauer der Elektronenvakanz wiederspiegelt. Für alle anderen Elemente und die Augerelektronenpeaks wurde die Lorentzpeakbreite nicht festgelegt. Die Gaußpeakbreite der Photoelektronenpeaks wurde bei den Elementen C, N, O und F soweit variiert, bis ein Ergebnis der Kurvenanpassung mit gleichverteilten Residuen und einem minimalen χ^2-Wert erzielt wurde. Bei allen Kurvenanpassungen wurde darauf geachtet, dass alle Peaks des jeweiligen Signals ungefähr dieselbe Gauß- und Lorentzpeakbreite besitzen.

Die Energiedifferenz des Al 2p-Dupletts wurde entsprechend der von Barrie et al. [128] bestimmten Werte auf 0,45 eV festgelegt. Die Ladungskorrektur wurde entweder mit Hilfe der ubiquitär vorhandenen Kohlenwasserstoffe (C 1s = 285 eV) oder aber der auf der Probe abgeschiedenen Goldkolloide (Au4 $f_{7/2}$ = 84 eV) durchgeführt. Die Goldkolloide wurden mit dem von O. Böse konzipierten und konstruierten Gerät [98, 101–103], welches aus einer ACPI-Ionisationseinheit von Finnigan MAT (Modell 95S), einer Spritzenpumpe „Model 11" der Firma Harvard Apparatus, einem Temperaturregler (Omron E5CS-X) und einem selbst angefertigten Probenhalter besteht, aufgetragen. Als Trägergas diente Stickstoff, welcher mit ca. 4 bar eingeleitet wurde. Die Probe wurde in einem Abstand von ungefähr 7 mm zur Düse am Probenhalter fixiert und 1 bis 2 Minuten dem Gasstrom ausgesetzt. Die Goldkolloidlösung (aufgearbeitetes Goldsol, 1,5 mg/l, GKSS Forschungszentrum) wurde mit 250 µl/min bei einer Temperatur von 150 °C in der Ionisationseinheit zugeführt.

A.3.2 Rasterkraftmikroskopie

Rasterkraftmikroskopieaufnahmen (AFM) wurden mit einem AFM Dimension 3100 der Firma Digital Instruments/Veeco, welches eine laterale Auf-

A.3. METHODEN ZUR OBERFLÄCHENCHARAKTERISIERUNG 89

lösung von ca. 1 bis 10 nm und eine Auflösung in der Höhe von ca. 0.15 nm besitzt, durchgeführt. Alle Aufnahmen erfolgten im Tapping Mode und wurden mit den Programmen SPM bzw. WSxM 4.0 Develop 11.1 ausgewertet.

A.3.3 Bestimmung der Oberfläche und Poreneigenschaften

Die spezifische Oberfläche S_{BET}, die mittleren Porenvolumina V_P und -durchmesser d_P wurden auf Grundlage der BET-Methode (Oberfläche) und der BJH-Methode (Poreneigenschaften) berechnet. Die dafür notwendigen Tieftemperatur-Adsorptions- und Desorptionsisothermen von Stickstoff bei 77 K wurden mit einem Micromeritics ASAP2020 aufgenommen. Die Proben wurden, um eine Verunreinigung des Gerätes zu vermeiden, unmittelbar vor der Messung bei 200 °C ausgeheizt.

A.3.4 Weißlichtinterferometer

Für Weißlichtinterferometeraufnahmen wurde ein Multisondenmessplatz NewView 5022 der Firma Zygo LOT verwendet. Die laterale Auflösung der WLIM-Einheit beträgt 0.5 µm, die Auflösung in der Höhe 0.1 nm.

A.3.5 Kontaktwinkelmessungen

Die Kontaktwinkelbestimmung wurde an einem Gerät der Firma Krüss (Gerät G2) durchgeführt. Hierfür wurden jeweils drei bis vier Tropfen Wasser, Ethylenglykol und Diiodmethan auf das Substrat getropft. Der Kontaktwinkel wurde nach der Methode von Owens, Wendt [129], Rabel [130] und Kaelble [131, 132] bestimmt. In Abbildung A.1 auf der nächsten Seite ist beispielhaft eine Aufnahme eines Wassertropfens auf einer polierten Edelstahloberfläche gezeigt.

A.3.6 Bestimmung der OH-Gruppen-Konzentration an der Oberfläche

Die Bestimmung der OH-Gruppen-Konzentration an der Oberfläche erfolgte nach einer Methode von Ono et al. [115] und Dickie et al. [133].

Um eventuell vorhandene OH-Gruppen auf der Oberfläche der zu beschichtenden Substrate zu identifizieren, wurden die Substrate (Aluminiu-

Abbildung A.1: Abbildung eines Wassertropfens auf einer polierten Edelstahloberfläche zur Kontaktwinkelbestimmung.

moxid und Edelstahl) gasförmigem Trifluoressigsäureanhydrid (TFAA) ausgesetzt. Hierfür wurden die Substrate in einen Exsikkator gelegt, welcher danach evakuiert wurde. Über Schlauchverbindungen und einem Dreiwegehahn wurde ein kleiner Rundkolben, welcher ebenso evakuiert und gefüllt mit TFAA war, angeschlossen und die Substrate so dem gasförmigen TFAA ausgesetzt.

$$X-OH + (CF_3-CO)_2O \longrightarrow X-O-COCF_3 + CF_3COOH$$

Mit Hilfe der XPS können im Anschluss die Konzentration der Fluoratome auf der Oberfläche bestimmt und durch einen Vergleich mit der Fluorkonzentration vor der Behandlung mit TFAA die OH-Konzentration auf der Oberfläche abgeschätzt werden.

A.4 Analytische Methoden

A.4.1 Kernmagnetische Resonanzspektroskopie

Flüssigkeits-NMR-Spektren wurden mit einem DPX 300 ($\nu_L(^{13}C) = 75,5$ MHz und $(\nu_L(^{19}F) = 282,4$ MHz) bzw. AV 400 ($\nu_L(^{13}C) = 100,6$ MHz) der Firma Bruker in der NMR-spektroskopischen Abteilung des Chemischen Instituts der Humboldt Universität unter Standard-Messbedingungen gemessen. Die Lage der Resonanzsignale wurde für ^{13}C-Spektren relativ zu TMS und für ^{19}F-Spektren relativ zu CFCl$_3$ angegeben. Die Kalibrierung der Spektren erfolgte, sofern nicht anders angegeben, mit dem ^{13}C-Signal des jeweiligen Lösungsmittels.

A.4.2 Gaschromatographie

Alle gaschromatographischen Untersuchungen wurden an einem Shimadzu GC-17A mit PONA-Säule durchgeführt. Die Probenentnahme für die Analyse mit Hilfe der Gaschromatographie bei Nachfluorierungsexperimenten im Durchflussreaktor erfolgte direkt über eine Dosierschleife, die eine definierte Menge Gas aus dem Abgasstrahl entnahm. Bei Nachfluorierungsexperimenten in der *in situ* Kammer, die direkt an das VG ESCALAB 200X angebaut wurde, wurde eine Gasprobe mit einer dafür angefertigten Gasmaus entnommen. Die Dosierung erfolgte in diesem Fall über eine gasdichte Spritze (150 µl). In allen Fällen wurde Stickstoff als Trägergas und ein Flammenionisationsdetektor zur Identifizierung der Gaskomponenten benutzt.

A.4.3 Bestimmung der katalytischen Aktivität

Für die Bestimmung der katalytischen Aktivität von Feststoffen und von Schichten wurden zwei unterschiedliche Reaktionen verwendet.

Die Dismutierung von $CHClF_2$ (R22) ist eine Begleitreaktion bei der Synthese des HS-AlF_3 und ist zugleich ein Zeichen für eine erfolgreiche Synthese von katalytisch aktivem HS-AlF_3.

$$5\,CHClF_2 \longrightarrow CHCl_2F + CHCl_3 + 3\,CHF_3$$

Der Umsatz der Reaktion wird mit Hilfe der Gaschromatographie verfolgt und bestimmt.

$$CF_3-CFBr-CBrF_2 \longrightarrow CF_3-CBr_2-CF_3$$

Für die Isomerisierung von 1,2-Dibromhexafluoropropan zu 2,2-Dibromhexafluoropropan werden 20 bis 30 mg des zu untersuchenden Katalysators in einem trockenen Schlenkrohr vorgelegt. Zu diesem Katalysator werden unter Inertbedingungen 200 bis 300 µl 1,2-Dibromhexafluoropropan, d. h. 10 µl je mg Katalysator, zugegeben und für zwei Stunden bei Raumtemperatur gerührt. Die Reaktion wird durch Zugabe von $CDCl_3$ beendet. Die so entstehende organische Phase wird NMR-spektroskopisch untersucht, wobei der Umsatz durch das Verhältnis der Edukt- und Produktsignale zueinander abgeschätzt werden kann. Da das Produkt bei Raumtemperatur fest ist, kann sich die Viskosität der Reaktionslösung mit fortlaufender Reaktionsdauer schlagartig erhöhen und muss daher vor der Entnahme der zu untersuchenden Probe leicht erwärmt werden.

^{19}F NMR (282,4 MHz, $CDCl_3$)

$CF_3-CFBr-CBrF_2$ δ_{iso} / ppm: -72,1 (s, 6F, CF_3)
$CF_3-CBr_2-CF_3$ δ_{iso} / ppm: -57,2 (m, 1 F, CFFBr)
                    -59,2 (m, 1 F, CFFBr)
                    -74,3 (m, 3 F, CF_3)
                    -133,3 (m, 1 F, CFBr)

A.4.4 Elementaranalyse

Die Bestimmung der Elemente C, H und N wurde mit einem Leco CHNS-932 Analyzer mit Erweiterung VTF-900 oder mit einem Euro EA Elemental

Tabelle A.3: Übersicht über die verwendeten PDF-Referenzen

Formel	PDF-Nr.	Formel	PDF-Nr.
α-AlF$_3$	44-0231	η-AlF$_3$	41-0381[a]
β-AlF$_3$	43-0435	α-AlF$_3 \cdot 3\,H_2O$	43-0436
κ-AlF$_3$	83-0719	β-AlF$_3 \cdot 3\,H_2O$	35-0827
ϑ-AlF$_3$	47-1659	Al(F,OH)$_3 \cdot H_2O$	41-0380

[a] isotyp zu Al(F,OH)$_3$

Analyzer im mikroanalytischen Labor des Instituts für Chemie der Humboldt Universität durchgeführt. Die Fluoridbestimmung erfolgte mit einer fluoridsensitiven Elektrode nach einem Soda-Pottasche-Aufschluss der jeweiligen Proben im Arbeitskreis Kemnitz. Es wird jeweils der Mittelwert aus zwei Messungen angegeben.

A.4.5 Röntgendiffraktometrie

Alle Röntgenpulverdiffraktogramme wurden mit einem Seifert XRD 3003 TT Diffraktometer (Cu K$_\alpha$) mit Bragg-Brentano-Geoetrie aufgenommen. Durch Vergleich der Diffraktogramme mit Einträgen in der PDF-Datenbank (siehe Tabelle A.3) wurden die untersuchten Verbindungen identifiziert.

A.4.6 Ellipsometrie

Die Parameter Dicke, Brechungsindex und Extinktionskoeffizient bestimmter Aluminiumfluoridschichten auf Siliziumwafern wurden mit Hilfe der Ellipsometrie bestimmt. Hierfür wurden die Proben mit einem Ellipsometer M2000ID der Firma J. A. Woollam untersucht. Den so erhaltenen spektroskopischen Daten wurde mit dem Programm WVASE32 ein vorher festgelegtes Modell, bestehend aus dem Substrat (Silizium) und der zu untersuchenden Schicht (Aluminiumfluorid), angepasst. Über diese Anpassung können anschließend die gewünschten Parameter errechnet werden. Gut angepasste Modelle besitzen bei diesem Ellipsometer einen MSE zwischen 1 und 10.

Bei Einfallswinkeln von 65°, 70° und 75° lag der Spektralbereich zwischen 190 nm und 1700 nm. Die 2 Zoll Siliziumwafer wurden an 13 verschiedenen Punkten vermessen.

A.5 Synthesevorschriften

A.5.1 Synthese einer alkoholischen HF-Lösung

Die Synthese wurde je nach Bedarf und Anforderung an die HF-Lösung unter Normal- oder Inertbedingungen durchgeführt. Bei Arbeiten unter Inertbedingungen wurde eine Flaschenverschraubung mit drei verschraubbaren Zuleitungen verwendet. Die Entnahme und Lagerung erfolgte in diesem Fall ebenso unter Schutzgas.

Ein HF/Ar-Gasstrom wurde unter Eiskühlung in den jeweilige wasserfreie Alkohol, welcher in einer PP- bzw. PTFE-Flasche vorgelegt wurde, geleitet. Durch die Zunahme des Volumens und des Gewichtes konnte die Konzentration grob bestimmt werden. Eine endgültige Bestimmung erfolgte durch Titration eines aliquoten Teils in wässrigem Medium mit einer Natriumhydroxidlösung bekannter Konzentration, wobei Phenolphtalein als Indikator diente. Die Konzentration wurde nach jeweils zwei bis drei Monaten wieder bestimmt. Es wurden alkoholische HF-Lösungen mit Konzentrationen im Bereich von 5 bis 15 mol/l hergestellt und eingesetzt.

A.5.2 Synthese der Aluminiumfluorid-Sole/-Xerogele

Die Synthese der Aluminiumfluorid-Sole wurde ausgehend von Aluminiumisopropoxid ($Al(O^iPr)_3$) oder Aluminiumethoxid ($Al(OEt)_3$) durchgeführt. Die Durchführung erfolgte bis auf kleine Änderungen in Details nach einem vorgegebenem Schema.

$$Al(OR)_3 + HF/Alkohol \xrightarrow{L\ddot{o}sungsmittel} AlF_x(OR)_{3-x} \cdot y^i ROH$$

Das jeweilige Aluminiumalkoxid ($Al(OR)_3$) wurde in einem ausgeheizten Schlenkrohr oder -kolben vorgelegt und in dem entsprechendem Lösungsmittel supendiert, welche für mindestens eine Stunde gerührt wurde. Je nach Größe bzw. Konzentration des Ansatzes wurde die alkoholische HF-Lösung bei Raumtemperatur oder unter Eiskühlung langsam zugetropft.

Die Gelbildung setzte abhängig von der Konzentration und den verwendeten Lösungsmitteln unterschiedlich schnell ein. An der Eintropfstelle konnte in fast allen Fällen eine sofortige Gelbildung beobachtet werden, welche sich danach schnell wieder auflöste.

Die Suspension bzw. das Gel/Sol wurde mindestens 24 Stunden gerührt bzw. gelagert. Das Lösungsmittel wurde, sofern ein Xerogel als Precursor

Tabelle A.4: Zusammenfassung wichtiger Syntheseparameter und analytischer Daten für die Aluminiumfluorid-Sol/-Xerogel Synthese

Edukt	Konzentration [mol/l]	Lösungsmittel	Elementaranalyse C [%]	H [%]
Al(OEt)$_3$	0,1	EtOH	12	3
	0,3	EtOH	11	4
Al(O^{i}Pr)$_3$	0,1	^{i}PrOH/Toluol	21	4
	0,5	^{i}PrOH/Toluol	21	5
	0,5	^{i}PrOH/Pentan	21	5
	0,5	^{i}PrOH/Diethylether	21	5
	0,5	^{i}PrOH/Anisol	26	5

für die Synthese des *HS*-AlF$_3$ benötigt wurde, im Vakuum (10^{-1} bis 10^{-2} mbar) entfernt und für zwei bis vier Stunden bei 70 °C getrocknet. Für die Beschichtung von unterschiedlichen Substraten wurde das Sol, sofern es hinreichend flüssig und klar war, direkt und ohne weitere Bearbeitung verwendet.

Aluminiumisopropoxid (Al(O^{i}Pr)$_3$) wurde in verschiedenen Lösungsmitteln bzw. Gemische von Isopropanol (30 ml) und unterschiedlichen Lösungsmitteln (70 ml) (siehe Tabelle A.4) suspendiert. Aluminiummethoxid (Al(OEt)$_3$) wurde ausschließlich in Methanol suspendiert. Ausgewählte analytische Ergebnisse und die verwendeten Lösungsmittel sind in Tabelle A.4 zusammengefasst.

A.5.3 Synthese von *HS*-Aluminiumfluorid

Für die Synthese von *HS*-AlF$_3$ wurden die in Abschnitt A.5.2 auf der vorherigen Seite hergestellten Xerogele verwendet. Diese Xerogele wurden in einen Durchflussreaktor (Nickelrohr, ca. 60 cm Länge und 9 mm Durchmesser) gefüllt, welcher mit einem Pfropfen aus Silberwolle versehen wurde. Als Reaktionsgas diente ein Gemisch aus R22 (5 ml/min) und N$_2$ (20 ml/min), die über Durchflussregler eingespeist wurden. Der Reaktor wurde während der Synthese zuerst auf 150 °C für zwei Stunden, danach für eine Stunde bei 200 °C und zum Schluss auf die je nach Xerogel unterschiedliche Endtemperatur (230 °C bis 280 °C) und Zeit (eine bis drei Stunden) geheizt. Die Endtemperatur und Reaktionszeit wurde abhängig von der Dismutierungsaktivität (siehe Abschnitt A.4.3 auf Seite 92) ausgewählt. Hierfür wurde die

Reaktion so lange bei einer bestimmten Endtemperatur durchgeführt, bis die Dismutierung keine weiteren Zuwächse mehr verzeichnete. Im Anschluss daran wurde der Röhrenofen mit Druckluft gespült bzw. gekühlt und eine Abschlussmessung bei 30 °C bis 40 °C durchgeführt. Hochaktives HS-AlF$_3$ zeigt bei dieser Temperatur ebenfalls einen Umsatz von mindestens 90 %.

Die Kohlenstoff- und Wasserstoffanteile lagen unabhängig von dem eingesetzten Xerogel und dessen Syntheseroutine unter ein respektive zwei Masseprozent. Der Fluoranteil variierte sehr stark und lag meist fünf bis zehn Masseprozent zu niedrig im Vergleich zum theoretischen Wert. Die Oberfläche (S$_{BET}$) lag bei allen synthetisierten Proben zwischen 50 und 300 m^2/g und ausnahmslos alle Proben haben mesoporösen Charakter. Für das Al(O^{i}Pr)$_3$-Xerogel als Edukt betrug die Isomerisierung von 1,2-Dibromhexafluoropropan $\geq$ 90 %, für das Al(OEt)$_3$-Xerogel ca. 50 %.

A.5.4 Synthese der Aluminiumhydroxidfluoride

$$Al(OOCCH_3)_2(OH) + 2\,HF(aq.) \longrightarrow AlF_2(OH) \cdot H_2O + 2\,CH_3COOH$$

Für die nach D. Menz et al. [100] durchgeführte Synthese wird 13,6 g basisches Aluminiumacetat in 120 ml entionisiertem Wasser suspendiert. Die Reaktionslösung wird nach der Zugabe der wässrigen HF-Lösung (w = 40%, ρ = 1.13 ml) im Stoffmengenverhältnis Al : F = 1 : 2 bis zum Sieden erhitzt und einige Minuten am Sieden gehalten. Der pH-Wert muss während dessen überprüft werden, wobei sich ein pH-Wert von 5 einstellen soll. Das ausgefallene Reaktionsprodukt wird heiß filtriert und mindestens fünfmal mit heißem entionisiertem Wasser gewaschen. Abschließend wird das Produkt auf einer Tonkachel an Luft getrocknet.

Die genaue Zusammensetzung des so synthetisierten AlF$_x$(OH)$_{3-x}$ · H$_2$O schwankt je nach Trocknungs- und Synthesebedingungen und muss mit Hilfe der Elementaranalyse (Al, F und H) bzw. anderen Methoden bestimmt werden. Unabhängig davon zeigt das erhaltene weiße Pulver im Röntgenpulverdiffraktogramm die Reflexe für AlF$_x$(OH)$_{3-x}$ · H$_2$O in Pyrochlorstruktur (PDF-Nr. 41-0381, siehe auch Tabelle A.3 auf Seite 93).

$$AlF_x(OR)_{3-x} \cdot yROH \xrightarrow{Luftfeuchtigkeit} AlF_x(OH)_{3-x} \cdot zH_2O + (3-x^+y)ROH$$

Zusätzlich zur Synthese nach D. Menz [100] kann ein Aluminiumhydroxidfluorid durch Hydrolyse der in Abschnitt A.5.2 auf Seite 94 synthetisierten Sole/feuchten Gele und Xerogele hergestellt werden. Hierfür kann das Sol

Tabelle A.5: Zusammenfassung wichtiger Syntheseparameter für die Aluminiumhydroxidfluoride

Name	Äquivalent HF	Syntheseart	Edukt
Pulver1	2	Hydrolyse feuchtes Gel	$Al(O^iPr)_3$
Pulver2	3	Hydrolyse feuchtes Gel	$Al(O^iPr)_3$
Pulver3	2	Menz [100]	$Al(OOCCH_3)_2(OH)$
Pulver4	3	Hydrolyse Xerogel	$Al(OEt)_3$
Pulver5	3	Hydrolyse Xerogel	$Al(O^iPr)_3$

bzw. feuchte Gel direkt unter gleichzeitiger Abgabe des überschüssigen Lösungsmittels oder aber das vorher getrocknete und unter Inertbedingungen synthetisierte Xerogel an Luft gelagert und somit hydrolysiert werden. Je nach Stoffmengenverhältnis zwischen Aluminium und Fluor entsteht ein weißes, wenn Aluminiumethoxid ($Al(OEt)_3$) als Edukt verwendet wurde ein sich langsam gelb färbendes feines Pulver, welches bei einem Verhältnis von 1 : 1 (Al : F) röntgenamorph, bei einem Verhältnis von 1 : 2 bzw. 1 : 3 (Al : F) jedoch kristallin ist. Diese kristallinen Phasen zeigen im Röntgendiffraktogramm vergleichbare Reflexe wie das Aluminiumhydroxidfluorid ($AlF_x(OH)_{3-x} \cdot H_2O$) in Pyrochlorstruktur. Das Verhältnis zwischen Aluminium und Fluor im Produkt korreliert stark mit dem Ausgangsverhältnis der beiden Elemente im Edukt und muss wieder mit geeigneten analytischen Methoden bestimmt werden. Diese Methode wurde erstmalig von König et al. [104] entwickelt und angewandt. In Tabelle A.5 sind alle wichtigen Syntheseparameter der in dieser Arbeit untersuchten Pulverproben zusammengefasst. Die Ergebnisse der Elementaranalyse und die daraus resultierende Summenformel sind in Tabelle A.6 auf der nächsten Seite aufgelistet.

A.5.5 Synthese der unterschiedlichen Aluminiumfluoridphasen

Synthese von η-AlF$_3$:

$$ACF \xrightarrow{\Delta} \eta\text{-AlF}_3 + AlCl_3$$

Die Synthese von η-AlF$_3$ erfolgte nach einer Vorschrift von Th. Krahl [112]. ACF wird in einem Schlenkrohr bei einer Solltemperatur von 455 °C mit

Tabelle A.6: Ergebnisse der Elementaranalyse für die Aluminiumhydroxidfluoride

Name	C [%]	H [%]	F [%]	Al [%]	Summenformel
Pulver1	u. N.[a]	3	28	28	$AlF_{1,4}(OH)_{1,6} \cdot H_2O$
Pulver2	1	3	32	27	$AlF_{1,7}(OH)_{1,3} \cdot H_2O$
Pulver3	u. N.[a]	3	35	28	$AlF_{1,9}(OH)_{1,1} \cdot H_2O$
Pulver4	u. N.[a]	2	33	n. e.[b]	$AlF_x(OH)_{3-x} \cdot zH_2O$[c]
Pulver5	u. N.[a]	2	33	n. e.[b]	$AlF_x(OH)_{3-x} \cdot zH_2O$[c]

[a] unter der Nachweisgrenze
[b] nicht ermittelt
[c] $z \approx 1$

einer Aufheizrate von 10 K/min für 30 Minuten in einem Röhrenofen getempert. Dabei wird mit Hilfe einer Öldrehschiebervakuumpumpe ein dynamisches Vakuum ($p \leq 10^{-1}$ mbar) angelegt. Das $AlCl_3$ scheidet sich dabei als grauer Feststoff auf den kühlen Stellen des Schlenkrohres ab. Das entstandene graue Pulver zeigt, da η-AlF_3 isotyp zu $Al(F/(OH))_3$ ist (siehe Tabelle A.3 auf Seite 93), Reflexe der Pyrochlorstruktur von $AlF_x(OH)_{3-x}$ (PDF-Nr.: 41-0380). Parallel zur Bildung des η-AlF_3 wird auch β-AlF_3 in Spuren gebildet. Im statischen Vakuum ($p \approx$ 10-500 mbar) bildet sich neben β-AlF_3 bevorzugt auch ϑ-AlF_3.

Elementaranalyse AlF_3 (M = 83,95 gmol^{-1})
ber. [%]   C: 0   H: 0   F: 68   Al: 32
gef. [%]   C: 0   H: 0   F: 59   Al: 21

Synthese von κ-AlF_3:

Die Synthese von κ-AlF_3 erfolgt in drei Stufen.

1. Stufe: $Al(CH_3)_3 + HF \cdot Py \longrightarrow PyHAlF_4 + 3\,CH_4$

8 ml (16 mmol) einer Methylaluminiumlösung werden in einem Schlenkgefäß mit einer Mischung bestehend aus 80 ml Toluol und 20 ml Pentan gemischt und auf -78 °C abgekühlt. Zu dieser Reaktionslösung werden langsam 1,6 ml (64 mmol bez. auf HF) einer HF/Pyridin-Lösung (70 % HF, 30 % Pyridin) in der Kälte und mit einem Stoffmengenverhältnis Al : F = 4 : 1 zugetropft. Es bildet sich ein weißer Niederschlag, der nach beendeter Zugabe

A.5. SYNTHESEVORSCHRIFTEN

vom Lösungsmittel abgetrennt und bei 70 °C im Vakuum getrocknet wird. Es konnten 3,24 g, was ungefähr einem quantitativen Umsatz entspricht, eines weißen, mikrokristallinen Feststoff isoliert werden, der ohne weitere Reinigungsschritte verwendet wurde.

Elementaranalyse $C_5H_5NHAlF_4$ (M = 183,08 gmol^{-1})
ber. [%]   C: 33   H: 3   N: 8
gef. [%]   C: 39   H: 4   N: 7

2. Stufe: $PyHAlF_4 \xrightarrow[HCONH_2]{\Delta} \beta\text{-}NH_4AlF_4$

1 g PyHAlF$_4$ wird in einem Schlenkgefäß in 2 ml trockenem Formamid gelöst und auf 70 °C bis 80 °C erwärmt, bis sich eine klare Lösung bildet. Anschließend wird die Lösung schnell bis zur Zersetzungstemperatur des Formamids ($\geq$ 180 °C) erhitzt und die Heizquelle nach einer Minute entfernt. Das sich bildende weiße Präzipitat ist an Luft stabil und kann mit geeigneten Mitteln vom Lösungsmittel abgetrennt und an Luft zwischen Tonkacheln getrocknet werden. Das Produkt kann mit Hilfe der XRD als $\beta\text{-}NH_4AlF_4$ (PDF-Nr.: 83-0718) identifiziert werden.

Elementaranalyse NH_4AlF_4 (M = 113,01 gmol^{-1})
ber. [%]   C: 0   H: 3   N: 12   F: 63
gef. [%]   C: 2   H: 4   N: 11   F: 55

3. Stufe: $\beta\text{-}NH_4AlF_4 \xrightarrow{\Delta} \kappa\text{-}AlF_3 + NH_4F$

0.2 g β-NH$_4$AlF$_4$ werden analog zur Synthese von η-AlF$_3$ in einem Schlenkrohr (Solltemperatur = 455 K, Aufheizrate = 10 K/min, p(dynamisch) $\leq$ 10^{-1} mbar) für 30 min in einem Röhrenofen getempert. Es können 0,1 g eines weißen mit wenigen schwarzen Verunreinigungen versehenes Pulver isoliert werden (PDF-Nr.: 83-719).

Elementaranalyse AlF_3 (M = 83,95 gmol^{-1})
ber. [%]   C: 0   H: 0   N: 0   F: 68
gef. [%]   C: 0   H: 0   N: 0   F: 62

Synthese von ϑ-AlF$_3$:

$$NR_4AlF_4(\cdot H_2O) \xrightarrow{\Delta} \vartheta\text{-}AlF_3 + NR_4F \text{ (R=Me oder Et)}$$

NMe_4AlF_4 bzw. NEt_4AlF_4, welche auch teilweise die hydratisierte Form enthielten, werden analog zur Synthese von η-AlF_3 und ϑ-AlF_3 in einem Schlenkrohr (Solltemperatur = 455 K, Aufheizrate = 10 K/min, p(dynamisch) $\leq 10^{-1}$ mbar) für 30 min in einem Röhrenofen getempert. Ausgehend von NEt_4AlF_4 kann das Produkt phasenrein isoliert werden (PDF-Nr.: 83-0171). Im Gegensatz dazu ist das Produkt ausgehend von $NMe_4AlF_4 \cdot H_2O$ mit Spuren von β-AlF_3 verunreinigt.

Elementaranalyse AlF_3 (M = 83,95 gmol^{-1})
  ber. [%] C: 0 H: 0 N: 0 F: 68
  gef. [%] C: 0 H: 0 N: 0 F: 66

A.6 Präparation der Schichten

Alle beschichteten Substrate wurden in sogenannten *wafertrays* von der Firma Fluoroware aufbewahrt.

A.6.1 Vorbehandlung der Substrate

Um eventuell anhaftende Verunreinigungen jeglicher Art zu entfernen, wurden die zu beschichtenden Substrate einer Vorbehandlung unterzogen.

Die Edelstahlsubstrate wurden poliert und danach hintereinander in Pentan, Aceton, Ethanol und entionisiertem Wasser in einem Ultraschallbad bei 50 °C für ca. 30 Minuten gereinigt. Anschließend wurden diese Substrate mit einem Sauerstoffplasma (300 W, 60 sec, 50 ml/min O_2) vorbehandelt. Hierfür wurde das Gerät V15-G der Firma Plasma-finish GmbH benutzt. Eine kürzere bzw. längere Vorbehandlungsdauer mit Sauerstoffplasma führte zu schlechteren Beschichtungsergebnissen da keine geschlossenen Schichten auf so behandelten Substraten hergestellt werden konnten.

Die Aluminiumoxidsubstrate wurden analog zu den Edelstahlsubtraten mit Pentan, Aceton, Ethanol und entionisiertem Wasser in einem Ultraschallbad gereinigt und anschließend bei 1000 °C in einem Muffelofen für vier Stunden ausgeheizt.

Siliziumwafer wurden jeweils für 7 Minuten bei 50 °C nacheinander in Dichlormethan, Aceton und Ethanol in einem Ultraschallbad gereinigt und danach mit entionisiertem Wasser abgespült. Abschließend wurden die Siliziumwafer nach der RCA-Methode [118–122] (H_2O : H_2O_2 : NH_3 im Volumenverhältnis 5 : 1 : 1) angeätzt. Hierfür wurden die Siliziumwafer in einer Lösung bestehend aus entionisiertem Wasser und konzentrierter Ammoniaklösung auf ca. 90 °C erwärmt. Nach Zugabe der Wasserstoffperoxid-Lösung kühlte sich das Gemisch auf ca. 75 °C ab und die Siliziumwafer wurden für 10 min in dieser Lösung gereinigt. Aufgrund der entstehenden Gasentwicklung musste der Behälter mit der Lösung und den Wafern geschüttelt werden, um eventuell anhaftende Gasbläschen von der Waferobefläche zu entfernen. Die Siliziumwafer wurden nach Beendigung des Ätzschrittes mit entionisiertem Wasser abgespült. Um eine Rückbildung der so entfernten Oxidschicht zu vermeiden, wurden die Siliziumwafer in entionisiertem Wasser aufbewahrt.

A.6.2 Beschichtungsroutine – Spin Coating

Beschichtungen wurden an einem Spin-Coater KW-4A der Firma Chemat Technology durchgeführt. Die zu beschichtenden Substrate werden durch einen Unterdruck, der durch eine einstufige Membranpumpe erzeugt wird, in der Mitte des Probentellers fixiert.

Das Sol wird mit einer Spritze auf das Substrat aufgetragen, so dass dieses vollständig bedeckt ist. Die Substrate wurden anschließend für 3 s bei 160 U/min und zum Schluss für 40 s bei 5000 U/min gedreht. Das gesamte überschüssige Sol wird so vollständig abgeschleudert.

Abschließend wird nach jeder Beschichtung das Substrat bei 100 °C für zwei Stunden getrocknet. Bei Mehrfachbeschichtungen werden nach der Trocknung die vorhergehenden Beschichtungsschritte wiederholt.

A.6.3 Beschichtungsroutine – Dip-Coating

Die Beschichtungen mit der Dip-Coating Technik wurden an einem von der Firma FMT - Feinmechanik Teltow GmbH eigens für die Arbeitsgruppe von Dr. Hübert (BAM, IV.4) konzipierte und hergestellte Dip-Coating Automat durchgeführt.

Da die Substrate aus Edelstahl noch vor der Beschichtungsroutine in kleine 10 mm x 10 mm große Plättchen geschnitten werden mussten, wurde eine Eintauchhilfe (siehe auch Abbildung A.2 auf der nächsten Seite)

Abbildung A.2: Eintauchhilfe aus V2A-Edelstahl für die Dip-Coating Technik

ebenfalls aus V2A-Edelstahl verwendet. Die Substrate sind für die direkte Beschichtung zu klein und die Randeffekte beeinflussen aufgrund dieser geringen Substratgröße das Beschichtungsergebnis nachhaltig negativ. Mit Hilfe der Eintauchhilfe konnten auch zwei Substrate parallel beschichtet werden.

Die Verweilzeit und die Ausziehgeschwindigkeit wurde in verschiedenen Stufen variiert. Die für die jeweiligen Proben eingestellten Verweilzeiten und Ausziehgeschwindigkeiten sind in Tabelle A.7 aufgeführt.

Die Substrate wurden nach der Beschichtung analog der durch Spin-Coating beschichteten Proben (siehe Abschnitt A.6.2 auf der vorherigen Seite) bei 100 °C für zwei Stunden getrocknet.

Tabelle A.7: Zusammenfassung der Verweilzeiten und Ausziehgeschwindigkeiten beim Dip-Coating

Verweilzeit [s]	Ausziehgeschwindigkeit [mm/s]
5	20
60	50
60	100
120	50
120	100

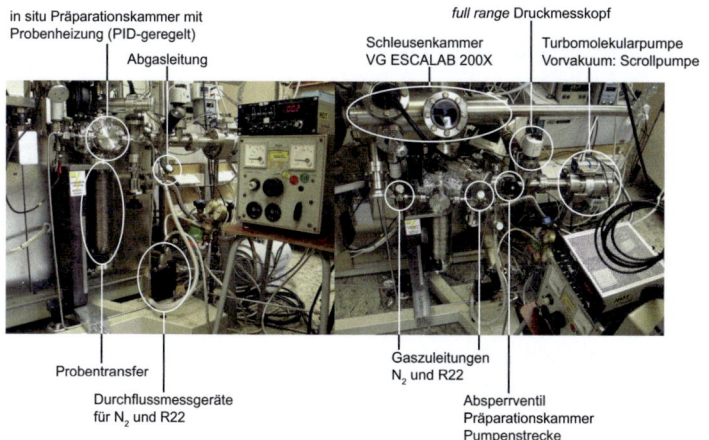

Abbildung A.3: Bilder von der *in situ* Kammer.

A.7 Aktivierung/Nachfluorierung in der *in situ* Präparationskammer

Für die Aktivierung/Nachfluorierung der Schichten und Feststoffe wurde eine *in situ* Präparationsammer aufbauend auf den Arbeiten von O. Böse [103] und E. Ünveren [134] konstruiert. Ein Doppelkreuzstück, in das eine Heizpatrone der Firma Hotset fixiert wurde, diente als Reaktionskammer. Die Heizpatrone wurde durch einen externen Temperaturfühler (Typ K) und einen Temperaturregler (Omron E5CS-X) angesteuert. In regelmäßigen Abständen wurde die Temperatur in der Umgebung der Probenträger kontrolliert und mit der vom Temperaturregler angezeigten Temperatur korrelliert. Die Reaktionsgase wurden mit Hilfe von Massflowmetern der Firma MKS eingeleitet und reguliert. In Abbildung A.3 ist die Kammer sowohl von vorne als auch von der Seite abgebildet.

Luftempfindliche Pulverproben (Xerogele/Precursoren aus Abschnitt A.5.2 auf Seite 94) wurden in der Glovebox präpariert und in einem Schlenkgefäß transportiert. Ein kurzer Kontakt mit der Umgebungsluft (ca. 5 s) ließ sich beim Einschleusen in die *in situ* Kammer nicht vermeiden. Beschichtete Substrate und Aluminiumhydroxidfluoride (siehe Abschnitt A.5.4 auf Seite 96) wurden unter Normalbedingungen transportiert und eingeschleust. Die Aktivierung/Nachfluorierung erfolgte wie auch im Durchflussreaktor (siehe Abschnitt A.5.3 auf Seite 95) in einem kontinuierlichen Gasstrom (R22 : 5 ml/min, N_2 : 20 ml/min).

Alle Proben wurden zuerst zwei Stunden in einem kontinuierlichen Gasstrom (R22 : 5 ml/min, N_2 : 20 ml/min) bei 150 °C ausgeheizt und danach auf die jeweilige Aktivierungstemperatur erhitzt. In der Regel betrug die Aktivierungstemperatur bei allen Proben 250 °C und die Reaktionszeit eine Stunde. Eine höhere Reaktionszeit hatte keinen positiven Einfluss auf die Dismutierungsaktivität. Gasproben wurden aus dem Abgasstrahl mit Hilfe einer speziell angefertigten Gasmaus aus Glas zu definierten Zeiten und definierter Temperatur entnommen und gaschromatographisch untersucht (siehe auch Abschnitt A.4.2 auf Seite 91).

Anhang B

Abkürzungen

Abkürzung	Erklärung
ACF	Aluminiumchloridfluorid
AFM	atomic force microscopy, Rasterkraftmikroskop(ie)
BE	Bindungsenergie
BET	Modell von Brunauer, Emmett und Teller
BJH	Modell von Barrett, Joyner und Halenda
CVD	chemical vapor deposition, chemische Gasphasenabscheidung
ESCA	Elektronenspektroskopie zur chemischen Analyse
et al.	und Andere
FAT	fixed analyser transmission, konstante Passenergie
FRR	fixed retarding ratio, konstantes Abbremsverhältnis
FWHM	full with at half maximum, Halbwertsbreite
HS-Aluminiumfluorid / *HS*-AlF$_3$	*high surface* Aluminiumfluorid
KE	kinetische Energie
MSE	mean squared error, mittlere quadratische Abweichung
mod.	modifizierte
n. b.	nicht bestimmbar
n. e.	nicht ermittelt
NMR	nuclear magnetic resonance, Kernspinresonanz

Abkürzung	Erklärung
PDF	powder diffraction file, Datenbank für Diffraktogramme
PP	Polypropylen
PVD	physical vapor deposition physikalische Gasphasenabscheidung
R22	Chlordifluormethan
rt	Raumtemperatur
TFAA	Trifluoroacetic anhydride Trifluoracetanhydrid
TMS	Tetramethylsilan
u. N.	unter der Nachweisgrenze
WLIM	Weißlichtinterferometer
XAES	X-Ray Augerelectron spectroscopy röntgeninduzierte Augerelektronenspektroskopie
XPS	X-Ray photoelectron spectroscopy Photoelektronenspektroskopie

Anhang C

Veröffentlichungen im Zusammenhang mit dieser Arbeit

R. König, G. Scholz, K. Scheurell, D. Heidemann, I. Buchem, W.E.S. Unger und E. Kemnitz: Spectroscopic characterization of crystalline AlF_3 phases. In: *Journal of Fluorine Chemistry* 131 (2010), Nr. 1, S. 91-97

Anhang D

Literaturverzeichnis

[1] KRÜGER, H.: *Niedertemperatur Sol-Gel Verfahren für optische Schichtsysteme auf Basis von Magnesiumfluorid und Titandioxid*, Humboldt Universität zu Berlin, Dissertation, 2009

[2] KRUGER, H. ; KEMNITZ, E. ; HERTWIG, A. ; BECK, U.: Moderate temperature sol-gel deposition of magnesium fluoride films for optical UV-applications: A study on homogeneity using spectroscopic ellipsometry. In: *Physica Status Solidi a–Applications and Materials Science* 205 (2008), Nr. 4, S. 821–824

[3] KRUGER, H. ; KEMNITZ, E. ; HERTWIG, A. ; BECK, U.: Transparent MgF_2-films by sol-gel coating: Synthesis and optical properties. In: *Thin Solid Films* 516 (2008), Nr. 12, S. 4175–4177

[4] HENCH, L. L. ; WEST, J. K.: The Sol-Gel Process. In: *Chemical Reviews* 90 (1990), Nr. 1, S. 33–72

[5] ZARZYCKI, J.: Past and present of sol-gel science and technology. In: *Journal of Sol-Gel Science and Technology* 8 (1997), Nr. 1-3, S. 17–22

[6] SCHMIDT, H.: Considerations about the sol-gel process: From the classical sol-gel route to advanced chemical nanotechnologies. In: *Journal of Sol-Gel Science and Technology* 40 (2006), Nr. 2-3, S. 115–130

[7] BRINKER, C. J. ; SCHERER, G. W.: *Sol-gel science : The physics and chemistry of sol-gel processing*. Academic Press, Inc., 1990. – ISBN 0-12-134970-5

[8] SAKKA, S.: *Handbook of sol-gel science and technology*. Kluwer, 2004.
— ISBN 1-4020-7969-9

[9] EBELMEN, M.: Sur les combinaisons des acides borique et silicique avec les éthers. In: *Annales de Chimie et de Physique* 16 (1846), S. 129–166

[10] GEFFCKEN, Walter ; BERGER, Edwin: *Verfahren zur Änderung des Reflexionsvermögen optischer Gläser*. 1939

[11] SCHROEDER, H.: Oxide Layers Deposited from Organic Solutions. In: *Physics of Thin Films* Bd. 5. Academic Press, 1969, S. 87–140

[12] DISLICH, H.: Neue Wege zu Mehrkomponentenoxidgläsern. In: *Angewandte Chemie – International Edition* 83 (1971), Nr. 12, S. 428–435

[13] LEVENE, L. ; THOMAS, I. M.: *Process of converting metalorganic compounds and high purity products obtained therefrom*. 1972

[14] YOLDAS, B. E.: Transparent Porous Alumina. In: *American Ceramic Society Bulletin* 54 (1975), Nr. 3, S. 286–288

[15] YOLDAS, B. E.: Alumina Sol Preparation from Alkoxides. In: *American Ceramic Society Bulletin* 54 (1975), Nr. 3, S. 289–290

[16] YOLDAS, B. E.: Alumina Gels That Form Porous Transparent Al_2O_3. In: *Journal of Materials Science* 10 (1975), Nr. 11, S. 1856–1860

[17] YOLDAS, B. E.: Preparation of Glasses and Ceramics from Metal-Organic Compounds. In: *Journal of Materials Science* 12 (1977), Nr. 6, S. 1203–1208

[18] KEMNITZ, E. ; GROSS, U. ; RUDIGER, S. ; SHEKAR, C. S.: Amorphous metal fluorides with extraordinary high surface areas. In: *Angewandte Chemie – International Edition* 42 (2003), Nr. 35, S. 4251–4254

[19] MURTHY, J. K. ; GROSS, U. ; RUDIGER, S. ; UNVEREN, E. ; KEMNITZ, E.: Mixed metal fluorides as doped Lewis acidic catalyst systems: a comparative study involving novel high surface area metal fluorides. In: *Journal of Fluorine Chemistry* 125 (2004), Nr. 6, S. 937–949

[20] NICKKHO-AMIRY, M. ; ELTANANY, G. ; WUTTKE, S. ; RUDIGER, S. ; KEMNITZ, E. ; WINFIELD, J. M.: A comparative study of surface acidity in the amorphous, high surface area solids, aluminium fluoride, magnesium fluoride and magnesium fluoride containing iron(III) or aluminium(III) fluorides. In: *Journal of Fluorine Chemistry* 129 (2008), Nr. 5, S. 366–375

[21] RUEDIGER, S. ; KEMNITZ, E.: The fluorolytic sol-gel route to metal fluorides - a versatile process opening a variety of application fields. In: *Dalton Transactions* (2008), Nr. 9, S. 1117–1127

[22] KÖNIG, R.: *Lokale Strukturen nanoskopischer Alumniniumalkoxidfluoride und chemisch verwandter kristalliner Verbindungen*, Humboldt Universität zu Berlin, Dissertation, 2009

[23] KONIG, R. ; SCHOLZ, G. ; THONG, N. H. ; KEMNITZ, E.: Local structural changes at the formation of fluoride sols and gels: A mechanistic study by multinuclear NMR spectroscopy. In: *Chemistry of Materials* 19 (2007), Nr. 9, S. 2229–2237

[24] KONIG, R. ; SCHOLZ, G. ; KEMNITZ, E.: Local Structural Changes in Aluminum Isopropoxide Fluoride Xerogels and Solids as a Consequence of the Progressive Fluorination Degree. In: *Journal of Physical Chemistry C* 113 (2009), Nr. 16, S. 6426–6438

[25] BRINKER, C. J. ; HURD, A. J. ; SCHUNK, P. R. ; FRYE, G. C. ; ASHLEY, C. S.: Review of Sol-Gel Thin-Film Formation. In: *Journal of Non-Crystalline Solids* 147 (1992), S. 424–436

[26] SAKKA, S. ; YOKO, T.: Sol Gel-Derived Coating Films and Applications. In: *Structure and Bonding* 77 (1992), S. 89–118

[27] SCHMIDT, H.: Thin-Films, the Chemical-Processing up to Gelation. In: *Structure and Bonding* 77 (1992), S. 119–151

[28] KLEIN, L. C.: *Sol-Gel technology for thin films, fibers, performs, electronics, and specaialty shapes*. Park Ridge, N. Y. : Noyes Publ., 1988. – ISBN 0-8155-1154-X

[29] GUGLIELMI, M.: Sol-gel coatings on metals. In: *Journal of Sol-Gel Science and Technology* 8 (1997), Nr. 1-3, S. 443–449

[30] WANG, D. ; BIERWAGEN, G. R.: Sol-gel coatings on metals for corrosion protection. In: *Progress in Organic Coatings* 64 (2009), Nr. 4, S. 327–338

[31] KOBAYASHI, Y. ; ISHIZAKA, T. ; KUROKAWA, Y.: Preparation of alumina films by the sol-gel method. In: *Journal of Material Science* 40 (2005), Nr. 2, S. 263–283

[32] HEITMANN, W.: Vacuum Evaporated Films of Aluminum Fluoride. In: *Thin Solid Films* 5 (1970), Nr. 1, S. 61–67

[33] PHAHLE, A. M. ; HILL, A. E. ; CALDERWO.JH: Dielectric Properties of Thin Aluminum Fluoride Films. In: *Thin Solid Films* 22 (1974), Nr. 1, S. 67–74

[34] BARRIERE, A. ; DANTO, Y. ; SALARDENNE, J.: Physical Characterization and Mechanism of Conduction in Thin-Films of Aluminum Fluoride. In: *Thin Solid Films* 26 (1975), Nr. 2, S. 273–291

[35] PHAHLE, A. M. ; HILL, A. E. ; RUZINSKY, M. ; CALDERWOOD, J. H.: Dielectric Properties of Rf Sputtered Thin Aluminum Fluoride Films. In: *Thin Solid Films* 38 (1976), Nr. 1, S. 73–81

[36] DANTO, Y. ; SALARDENNE, J.: Ac Electrical-Properties of Magnesium and Aluminum Fluoride Thin-Films. In: *Vacuum* 27 (1977), Nr. 4, S. 293–297

[37] PHAHLE, A. M.: Some Dc Properties of Evaporated Thin Aluminum Fluoride Films. In: *Thin Solid Films* 46 (1977), Nr. 3, S. 315–320

[38] STARITZKY, E. ; ASPREY, L. B.: Aluminum Trifluoride, Alf_3. In: *Analytical Chemistry* 29 (1957), Nr. 6, S. 984–984

[39] KUSCHNEREIT, R. ; PAUL, H.-J. ; ERXMEYER, J.: *Anti-reflection coating for ultraviolet light at large angles of incidence*. 2002

[40] TARGOVE, J. D. ; BOVARD, B. G. ; LINGG, L. J. ; MACLEOD, H. A.: Densification of Aluminum Fluoride Thin-Films by Ion-Assisted Deposition. In: *Thin Solid Films* 159 (1988), S. L57–L59

[41] VERGARA, L. I. ; VIDAL, R. A. ; FERRON, J. ; SANCHEZ, E. A. ; GRIZZI, O.: Growth of AlF$_3$ thin films on GaAS(110). Structure and chemical stability. In: *Surface Science* 482 (2001), S. 854–859

[42] LEE, C. C. ; LIAO, B. H. ; LIU, M. C.: AlF$_3$ thin films deposited by reactive magnetron sputtering with Al target. In: *Optics Express* 15 (2007), Nr. 15, S. 9152–9156

[43] LEE, C. C. ; LIAO, B. H. ; LIU, M. C.: Developing new manufacturing methods for the improvement of AlF$_3$ thin films. In: *Optics Express* 16 (2008), Nr. 10, S. 6904–6909

[44] LIAO, B. H. ; LEE, C. C. ; JAING, C. C. ; LIU, M. C.: Optical and mechanical properties of AlF$_3$ films produced by pulse magnetron sputtering of Al targets with CF_4/O_2 gas. In: *Optical Review* 16 (2009), Nr. 4, S. 505–510

[45] MEILLE, V.: Review on methods to deposit catalysts on structured surfaces. In: *Applied Catalysis A – General* 315 (2006), S. 1–17

[46] EMSLIE, A. G. ; BONNER, F. T. ; PECK, L. G.: Flow of a Viscous Liquid on a Rotating Disk. In: *Journal of Applied Physics* 29 (1958), Nr. 5, S. 858–862

[47] MEYERHOFER, D.: Characteristics of Resist Films Produced by Spinning. In: *Journal of Applied Physics* 49 (1978), Nr. 7, S. 3993–3997

[48] BORNSIDE, D. E. ; MACOSKO, C. W. ; SCRIVEN, L. E.: Spin Coating – One-Dimensional Model. In: *Journal of Applied Physics* 66 (1989), Nr. 11, S. 5185–5193

[49] BIRNIE, D. P. ; HAU, S. K. ; KAMBER, D. S. ; KAZ, D. M.: Effect of ramping-up rate on film thickness for spin-on processing. In: *Journal of Material Science – Materials in Electronics* 16 (2005), Nr. 11-12, S. 715–720

[50] LANDAU, L. ; LEVICH, B.: Dragging of a liquid by a moving plate. In: *Acta Physicochimica Urss* 17 (1942), S. 42–54

[51] SCRIVEN, L. E.: In: BRINKER, C. J. (Hrsg.) ; CLARK, D. E. (Hrsg.) ; ULRICH, D. R. (Hrsg.): *Better Ceramics Through Chemistry III.* Pittsburgh, Pa., 1988, S. 717–729

[52] BRIGGS, D. ; SEAH, M. P.: *Practical Surface Analysis: Auger and X-ray photoelectron spectroscopy.* Bd. 1. John Wiley &Sons Ltd, 1994. – ISBN 3–7935–5549–6

[53] WATTS, J. F. ; WOLSTENHOLME, J.: *An Introduction to Surface Analysis by XPS and AES.* Chichester : Wiley & Sons, 2003. – ISBN 0–470–84713–1

[54] MOULDER, J. F. ; STICKLE, W. F. ; SOBOL, P. E. ; BOMBEN, K. D.: *Handbook of X Ray Photoelectron Spectroscopy: A Reference Book of Standard Spectra for Identification and Interpration of Xps Data.* Minnesota : Physical Electronics, 1995. – ISBN 0–9648124–1–X

[55] BRIGGS, D. ; GRANT, J. T.: *Surface Analysis by Auger and X-Ray Photoelectron Spectroscopy.* Chichester : IM Publications LLP, 2003. – ISBN 1–901019–04–7

[56] WAGNER, C. D. ; JOSHI, A.: The Auger Parameter, Its Utility and Advantages – a Review. In: *Journal of Electron Spectroscopy and Related Phenomena* 47 (1988), S. 283–313

[57] SIEGBAHN, K.: From X-Ray to Electron-Spectroscopy and New Trends. In: *Journal of Electron Spectroscopy and Related Phenomena* 51 (1990), S. 11–36

[58] MORETTI, G.: Auger parameter and Wagner plot in the characterization of chemical states by X-ray photoelectron spectroscopy: A review. In: *Journal of Electron Spectroscopy and Related Phenomena* 95 (1998), Nr. 2-3, S. 95–144

[59] REINERT, F. ; HÜFNER, S.: Photoemission spectroscopy – from early days to recent applications. In: *New Journal of Physics* 7 (2005), Nr. 97, S. 1–34

[60] HUFNER, S. ; SCHMIDT, S. ; REINERT, F.: Photoelectron spectroscopy – An overview. In: *Nuclear Instruments & Methods in Physics Research A* 547 (2005), Nr. 1, S. 8–23

[61] HERTZ, H.: Ueber einen Einfluss des ultravioletten Lichtes auf die electrische Entladung. In: *Annalen der Physik* 267 (1887), Nr. 8, S. 983–1000

[62] HALLWACHS, W.: Ueber den Einfluss des Lichtes auf electrostatisch geladene Körper. In: *Annalen der Physik* 269 (1888), Nr. 2, S. 301–312

[63] AUGER, P.: The effect of a photoelectric compound. In: *Journal de Physique et le Radium* 6 (1925), S. 205–U12

[64] MEITNER, L.: Concerning the beta-ray-spectra and it's connection to the gamma-rays. In: *Zeitschrift Für Physik* 11 (1922), S. 35–54

[65] EINSTEIN, A.: Über einen die Erzeugung und Verwandlung des Lichtes betreffenden heuristischen Gesichtspunkt. In: *Ann. Phys.* 7 (1905), S. 132–148

[66] SOKOLOWSKI, E. ; NORDLING, C. ; SIEGBAHN, K.: Magnetic Analysis of X-Ray Produced Photo and Auger Electrons. In: *Arkiv for Fysik* 12 (1957), Nr. 4, S. 301–318

[67] NORDLING, C. ; SOKOLOWSKI, E. ; SIEGBAHN, K.: Evidence of Chemical Shifts of the Inner Electronic Levels in a Metal Relative to Its Oxides (Cu, Cu_2O, CuO). In: *Arkiv for Fysik* 13 (1958), Nr. 5, S. 483–506

[68] SOKOLOWSKI, E. ; NORDLING, C. ; SIEGBAHN, K.: Chemical Shift Effect in Inner Electronic Levels of Cu Due to Oxidation. In: *Physical Review* 110 (1958), Nr. 3, S. 776–776

[69] SIEGBAHN, K. ; NORDLING, C.: A New High-Precision Instrument for Electron and Nuclear Spectroscopy. In: *Arkiv for Fysik* 22 (1962), Nr. 5, S. 436–436

[70] HAGSTROM, S. ; NORDLING, C. ; SIEGBAHN, K.: Electron Spectroscopy for Chemical Analysis. In: *Physical Letters* 9 (1964), Nr. 3, S. 235–236

[71] HAGSTROM, S. ; NORDLING, C. ; SIEGBAHN, K.: Electron Spectroscopic Determination of Chemical Valence State. In: *Zeitschrift Für Physik* 178 (1964), Nr. 5, S. 439–444

[72] NORDLING, C. ; HAGSTROM, S. ; SIEGBAHN, K.: Application Electron Spectroscopy Chemical Analysis. In: *Zeitschrift Für Physik* 178 (1964), Nr. 5, S. 433–438

[73] FAHLMAN, A. ; HAMRIN, K. ; HEDMAN, J. ; NORDBERG, R. ; NORD-LING, C. ; SIEGBAHN, K.: Electron Spectroscopy and Chemical Binding. In: *Nature* 210 (1966), Nr. 5031, S. 4–8

[74] FAHLMAN, A. ; HAMRIN, K. ; NORDBERG, R. ; NORDLING, C. ; SIEGBAHN, K.: Chemical Shift in Auger Spectra. In: *Physical Letters* 20 (1966), Nr. 2, S. 159–160

[75] SIEGBAHN, K. ; NORDLING, C. ; FAHLMAN, A. ; NORDBERG, R. ; HAMRIN, K. ; HEDMAN, J. ; JOHANSSON, G. ; BERMARK, T. ; KARLSSON, S. E. ; LINDGREN, I. ; LINDBERG, B.: *ESCA: Atomic, Molecular and Solid State Structure Studied by Means of Electron Spectroscopy*. Uppsala : Almqvist and Wiksells, 1969

[76] SIEGBAHN, K. ; NORDLING, C. ; JOHANSSON, G. ; HEDMAN, J. ; HEDEN, P. F. ; HAMRIN, K. ; GELIUS, U. ; BERGMARK, T. ; WERME, L. O. ; MANNE, R. ; BAER, Y: *ESCA applied to free molecules*. Amsterdam – London : North-Holland Publishing Company, 1969. – ISBN 7-204-0160-7

[77] SCHON, G.: Esca Studies of Ag, Ag_2O and AgO. In: *Acta Chemica Scandinavica* 27 (1973), Nr. 7, S. 2623–2633

[78] WAGNER, C. D. ; BILOEN, P.: X-Ray Excited Auger and Photoelectron Spectra of Partially Oxidized Magnesium Surfaces – Observation of Abnormal Chemical-Shifts. In: *Surface Science* 35 (1973), Nr. 1, S. 82–95

[79] WAGNER, C. D.: Chemical-Shifts of Auger Lines, and Auger Parameter. In: *Faraday Discussions* 60 (1975), S. 291–300

[80] SHIRLEY, D. A.: Effect of Atomic and Extra-Atomic Relaxation on Atomic Binding-Energies. In: *Chemical Physics Letters* 16 (1972), Nr. 2, S. 220–225

[81] SHIRLEY, D. A.: Relaxation Effects on Auger Energies. In: *Chemical Physics Letters* 17 (1972), Nr. 3, S. 312–315

[82] DAVIS, D. W. ; SHIRLEY, D. A.: Relaxation Correction to Core-Level Binding-Energy Shifts in Small Molecules. In: *Chemical Physics Letters* 15 (1972), Nr. 2, S. 185–190

[83] SHIRLEY, D. A.: Theory of KLL Auger Energies Including Static Relaxation. In: *Physical Review A* 7 (1973), Nr. 5, S. 1520–1528

[84] KOWALCZY.SP ; LEY, L. ; MCFEELY, F. R. ; POLLAK, R. A. ; SHIRLEY, D. A.: Relative Effect of Extra-Atomic Relaxation on Auger and Binding-Energy Shifts in Transition-Metals and Salts. In: *Physical Review B* 9 (1974), Nr. 2, S. 381–391

[85] GAARENSTROOM, S. W. ; WINOGRAD, N.: Initial and Final-State Effects in Esca Spectra of Cadmium and Silver-Oxides. In: *Journal of Chemical Physics* 67 (1977), Nr. 8, S. 3500–3506

[86] LANG, N. D. ; WILLIAMS, A. R.: Theory of Auger Relaxation Energies in Metals. In: *Physical Review B* 20 (1979), Nr. 4, S. 1369–1376

[87] HOHLNEICHER, G. ; PULM, H. ; FREUND, H. J.: On the Separation of Initial and Final-State Effects in Photoelectron-Spectroscopy Using an Extension of the Auger-Parameter Concept. In: *Journal of Electron Spectroscopy and Related Phenomena* 37 (1985), Nr. 3, S. 209–224

[88] HOHLNEICHER, G. ; MARQUARDT, B.: Final-State Effects in the Photoionization Process. In: *International Journal of Quantum Chemistry* 29 (1986), Nr. 5, S. 1437–1455

[89] JIRKA, I.: Initial and final state effects in the photoelectron and auger spectra of Si and Al bonded in zeolites. In: *Journal of Physical Chemistry B* 101 (1997), Nr. 41, S. 8133–8140

[90] WAGNER, C. D.: Auger Parameter in Electron-Spectroscopy for Identification of Chemical Species. In: *Analytical Chemistry* 47 (1975), Nr. 7, S. 1201–1203

[91] WAGNER, C. D.: New Approach to Identifying Chemical States, Comprising Combined Use of Auger and Photoelectron Lines. In: *Journal of Electron Spectroscopy and Related Phenomena* 10 (1977), Nr. 3, S. 305–315

[92] NEFEDOV, V. I. ; KOKUNOV, Y. V. ; BUSLAEV, Y. A. ; PORAIKOS.MA ; GUSTYAKO.MP ; ILIN, E. G.: X-Ray Electron Study of Internal Levels of Fluorides. In: *Zhurnal Neorganicheskoi Khimii* 18 (1973), Nr. 4, S. 931–934

[93] NEFEDOV, V. I. ; BUSLAEV, Y. A. ; KOKUNOV, Y. V.: X-Ray Electron Study of Alkali and Alkali-Earth Metal Fluorides. In: *Zhurnal Neorganicheskoi Khimii* 19 (1974), Nr. 5, S. 1166–1169

[94] MCGUIRE, G. E. ; SCHWEITZ.GK ; CARLSON, T. A.: Study of Core Electron Binding-Energies in Some Group IIIa, Vb, and VIb Compounds. In: *Inorganic Chemistry* 12 (1973), Nr. 10, S. 2450–2453

[95] STROHMEIER, B. R.: Surface Characterization of Aluminum Foil Annealed in the Presence of Ammonium Fluoborate. In: *Applied Surface Science* 40 (1989), Nr. 3, S. 249–263

[96] CASTLE, J. E. ; WEST, R. H.: Utility of Bremsstrahlung-Induced Auger Peaks. In: *Journal of Electron Spectroscopy and Related Phenomena* 16 (1979), Nr. 3, S. 195–197

[97] BOESE, O. ; UNGER, W. E. S. ; KEMNITZ, E. ; SCHROEDER, S. L. M.: Active sites on an oxide catalyst for F/Cl-exchange reactions: X-ray spectroscopy of fluorinated gamma-Al_2O_3. In: *Physical Chemistry Chemical Physics* 4 (2002), Nr. 12, S. 2824–2832

[98] BOSE, O. ; KEMNITZ, E. ; LIPPITZ, A. ; UNGER, W. E. S.: C 1s and Au 4f(7/2) referenced XPS binding energy data obtained with different aluminium oxides, -hydroxides and -fluorides. In: *Fresenius Journal of Analytical Chemistry* 358 (1997), Nr. 1-2, S. 175–179

[99] HESS, A. ; KEMNITZ, E. ; LIPPITZ, A. ; UNGER, W. E. S. ; MENZ, D. H.: Esca, Xrd, and Ir Characterization of Aluminum-Oxide, Hydroxyfluoride, and Fluoride Surfaces in Correlation with Their Catalytic Activity in Heterogeneous Halogen Exchange-Reactions. In: *Journal of Catalysis* 148 (1994), Nr. 1, S. 270–280

[100] MENZ, D. H. ; MENSING, C. ; HONLE, W. ; VONSCHNERING, H. G.: The Thermal-Behavior of Aluminum Fluoridehydroxide Hydrate $AlF_{2.3}(OH)_{0.7}(H_2O)$. In: *Zeitschrift Fur Anorganische Und Allgemeine Chemie* 611 (1992), Nr. 5, S. 107–113

[101] GROSS, T. ; RAMM, M. ; SONNTAG, H. ; UNGER, W. ; WEIJERS, H. M. ; ADEM, E. H.: An Xps Analysis of Different SiO_2 Modifications Employing a C 1S as Well as an Au 4F7/2 Static Charge Reference. In: *Surface and Interface Analysis* 18 (1992), Nr. 1, S. 59–64

[102] UNGER, W. E. S. ; GROSS, T. ; BOSE, O. ; LIPPITZ, A. ; FRITZ, T. ; GELIUS, U.: VAMAS TWA2 Project A2: evaluation of static charge stabilization and determination methods in XPS on non-conducting samples. Report on an inter-laboratory comparison. In: *Surface and Interface Analysis* 29 (2000), Nr. 8, S. 535–543

[103] BÖSE, O.: *Charakterisierung des Aktivierungsprozesses von γ-Al_2O_3 für katalytische Cl/F Austauschreaktionen*, Humboldt Universität zu Berlin, Dissertation, 1999

[104] KONIG, R. ; SCHOLZ, G. ; BERTRAM, R. ; KEMNITZ, E.: Crystalline aluminium hydroxy fluorides – Suitable reference compounds for ^{19}F chemical shift trend analysis of related amorphous solids. In: *Journal of Fluorine Chemistry* 129 (2008), Nr. 7, S. 598–606

[105] KONIG, R. ; SCHOLZ, G. ; PAWLIK, A. ; JAGER, C. ; ROSSUM, B. van ; OSCHKINAT, H. ; KEMNITZ, E.: Crystalline aluminum hydroxy fluorides: Structural insights obtained by high field solid state NMR and trend analyses. In: *Journal of Physical Chemistry C* 112 (2008), Nr. 40, S. 15708–15720

[106] COWLEY, J. M. ; SCOTT, T. R.: Basic Fluorides of Aluminum. In: *Journal of the American Chemical Society* 70 (1948), Nr. 1, S. 105–109

[107] MAKAROWICZ, A. ; BAILEY, C. L. ; WEIHER, N. ; KEMNITZ, E. ; SCHROEDER, S. L. M. ; MUKHOPADHYAY, S. ; WANDER, A. ; SEARLE, B. G. ; HARRISON, N. M.: Electronic structure of Lewis acid sites on high surface area aluminium fluorides: a combined XPS and ab initio investigation. In: *Physical Chemistry Chemical Physics* 11 (2009), Nr. 27, S. 5664–5673

[108] DANIEL, P. ; BULOU, A. ; ROUSSEAU, M. ; NOUET, J. ; FOURQUET, J. L. ; LEBLANC, M. ; BURRIEL, R.: A Study of the Structural Phase-Transitions in AlF_3-X-Ray-Powder Diffraction, DSC and Raman-Scattering Investigations of the Lattice-Dynamics and Phonon-Spectrum. In: *Journal of Physics – Condensed matter* 2 (1990), Nr. 26, S. 5663–5677

[109] LEBAIL, A. ; JACOBONI, C. ; LEBLANC, M. ; DEPAPE, R. ; DUROY, H. ; FOURQUET, J. L.: Crystal-Structure of the Metastable Form of Alu-

minum Trifluoride Beta-AlF$_3$ and the Gallium and Indium Homologs. In: *Journal of Solid State Chemistry* 77 (1988), Nr. 1, S. 96–101

[110] HERRON, N. ; THORN, D. L. ; HARLOW, R. L. ; JONES, G. A. ; PARISE, J. B. ; FERNANDEZBACA, J. A. ; VOGT, T.: Preparation and Structural Characterization of 2 New Phases of Aluminum Trifluoride. In: *Chemistry of Materials* 7 (1995), Nr. 1, S. 75–83

[111] KRAHL, T. ; STOSSER, R. ; KEMNITZ, E. ; SCHOLZ, G. ; FEIST, M. ; SILLY, G. ; BUZARE, J. Y.: Structural insights into aluminum chlorofluoride (ACF). In: *Inorganic Chemistry* 42 (2003), Nr. 20, S. 6474–6483

[112] KRAHL, T.: *Amorphes Aluminiumchlorofluorid und -bromofluorid – die stärksten bekannten festen Lewis-Säuren*, Humboldt Universität zu Berlin, Dissertation, 2005

[113] KRAHL, T. ; KEMNITZ, E.: Amorphous aluminum bromide fluoride (ABF). In: *Angewandte Chemie – International Edition* 43 (2004), Nr. 48, S. 6653–6656

[114] KRAHL, T. ; KEMNITZ, E.: The very strong solid Lewis acids aluminium chlorofluoride (ACF) and bromofluoride (ABF) – Synthesis, structure, and Lewis acidity. In: *Journal of Fluorine Chemistry* 127 (2006), Nr. 6, S. 663–678

[115] ONO, S. ; BOSE, O. ; UNGER, W. ; TAKEICHI, Y. ; HIRANO, S.: Characterization of lithium niobate thin films derived from aqueous solution. In: *Journal of the American Ceramic Society* 81 (1998), Nr. 7, S. 1749–1756

[116] NAKAYAMA, Y. ; TAKAHAGI, T. ; SOEDA, F. ; HATADA, K. ; NAGAOKA, S. ; SUZUKI, J. ; ISHITANI, A.: Xps Analysis of NH$_3$ Plasma-Treated Polystyrene Films Utilizing Gas-Phase Chemical Modification. In: *Journal of Polymer Science Part a-Polymer Chemistry* 26 (1988), Nr. 2, S. 559–572

[117] WANDELT, K.: Photoemission studies of adsorbed oxygen and oxide layers. In: *Surface Science Reports* 2 (1982), Nr. 1, S. 1–121

[118] KERN, W. ; PUOTINEN, D. A.: Cleaning Solutions Based on Hydrogen Peroxide for Use in Silicon Semiconductor Technology. In: *Rca Review* 31 (1970), Nr. 2, S. 187–206

[119] ERICSSON, P. ; BENGTSSON, S. ; SODERVALL, U.: Influence of Prebonding Cleaning on the Electrical-Properties of the Buried Oxide of Bond-and-Etchback Silicon-on-Insulator Materials. In: *Journal of Applied Physics* 78 (1995), Nr. 5, S. 3472–3480

[120] VERDONCK, P. ; HASENACK, C. M. ; MANSANO, R. D.: Metal contamination of silicon wafers induced by reactive ion etching plasmas and its behavior upon subsequent cleaning procedures. In: *Journal of Vacuum and Science & Technology B* 14 (1996), Nr. 1, S. 538–542

[121] STEDILE, F. C. ; BAUMVOL, I. J. R. ; OPPENHEIM, I. F. ; TRIMAILLE, I. ; GANEM, J. J. ; RIGO, S.: Thickness of the SiO_2/Si interface and composition of silicon oxide thin films: Effect of wafer cleaning procedures. In: *Nuclear Instruments & Methods in Physics Research Section B-Beam Interactions with Materials and Atoms* 118 (1996), Nr. 1-4, S. 493–498

[122] MIKI, K. ; SAKAMOTO, K. ; SAKAMOTO, T.: Surface preparation of Si substrates for epitaxial growth. In: *Surface Science* 406 (1998), Nr. 1-3, S. 312–327

[123] KEMNITZ, E. ; HASS, D. ; GRIMM, B.: Dismutation of C_1-Fluorine Chlorine Hydro Carbons at Surfaces of Metal-Oxides and Halides. In: *Zeitschrift Fur Anorganische Und Allgemeine Chemie* 589 (1990), Nr. 10, S. 228–234

[124] KEMNITZ, E. ; HESS, A.: Degradative and Dismutation Reactions of $CHCl_{3-N}F_n$-Fluorochlorocarbons on Modified Aluminum-Oxide Catalysts. In: *Journal für praktische Chemie – Chemiker-Zeitung* 334 (1992), Nr. 7, S. 591–595

[125] SHIRLEY, D. A.: High-Resolution X-Ray Photoemission Spectrum of Valence Bands of Gold. In: *Physical Review B* 5 (1972), Nr. 12, S. 4709–4714

[126] SCOFIELD, J. H.: Hartree-Slater Subshell Photoionization Cross-Sections at 1254 and 1487 eV. In: *Journal of Electron Spectroscopy and Related Phenomena* 8 (1976), Nr. 2, S. 129–137

[127] HESSE, R. ; STREUBEL, P. ; SZARGAN, R.: Improved accuracy of quantitative XPS analysis using predetermined spectrometer transmission functions with UNIFIT 2004. In: *Surface and Interface Analysis* 37 (2005), Nr. 7, S. 589–607

[128] BARRIE, A. ; DRUMMOND, I. W. ; HERD, Q. C.: Correlation of Calculated and Measured 2P Spin-Orbit-Splitting by Electron-Spectroscopy Using Monochromatic X-Radiation. In: *Journal of Electron Spectroscopy and Related Phenomena* 5 (1974), Nr. Nov-D, S. 217–225

[129] OWENS, D. K. ; WENDT, R. C.: Estimation of Surface Free Energy of Polymers. In: *Journal of Applied Polymer Science* 13 (1969), Nr. 8, S. 1741–1747

[130] RABEL, W.: Einige Aspekte der Benetzungstheorie und ihre Anwendung auf die Untersuchung und Veränderung der Oberflächeneigenschaften von Polymeren. In: *Farbe und Lack* 77 (1971), Nr. 10, S. 997–1006

[131] KAELBLE, D. H.: Dispersion-Polar Surface Tension Properties of Organic Solids. In: *Journal of Adhesion* 2 (1970), S. 66–81

[132] KAELBLE, D. H. ; UY, K. C.: A Reinterpretation of Organic Liquid-Polytetrafluoroethylene Surface Interactions. In: *Journal of Adhesion* 2 (1970), S. 50–60

[133] DICKIE, R. A. ; HAMMOND, J. S. ; DEVRIES, J. E. ; HOLUBKA, J. W.: Surface Derivatization of Hydroxyl Functional Acrylic Copolymers for Characterization by X-Ray Photoelectron-Spectroscopy. In: *Analytical Chemistry* 54 (1982), Nr. 12, S. 2045–2049

[134] ÜNVEREN, E.: *Characterization of Cr_2O_3 catalysts for Cl/F exchange reactions*, Humboldt Universität zu Berlin, Dissertation, 2004

Danksagung

Mein besonderer Dank gilt meinen beiden Betreuern Prof. Dr. E. Kemnitz und Dr. W. Unger für das herausfordernde und interdisziplinäre Forschungsthema. Sowohl die stete Bereitschaft zur wissenschaftlichen Diskussion als auch die zahlreichen Ratschläge im Laufe dieser Arbeit waren mir eine große Hilfe.

Ich danke auch allen Mitgliedern beider Arbeitskreise, die mich in vielerlei Hinsicht bei großen und kleinen Problemen unterstützt haben und mit guten Ratschlägen und einem offenen Ohr zur Seite standen. Insbesondere möchte ich mich bei Dr. R. König, dessen Hilfe und die Diskussionen zu unterschiedlichsten Themen unverzichtbar für diese Arbeit waren und A. Lippitz für die immer freundliche und geduldige Einführung in die Photoelektronenspektroskopie und das Spektrometer bedanken.

Dr. U. Beck und seinem Arbeitskreis, Dr. T. Hübert und seinem Arbeitskreis und Dr. G. Hidde danke ich ebenso. Viele Probleme konnte ich mit deren Hilfe lösen und auch dort habe ich immer hilfreiche Diskussionspartner gefunden.

Ich danke meiner Forschungsstudentin A. Ota für die reibungslose und auch angenehme Zusammenarbeit.

Mein Dank gilt auch den beiden Feinmechanikerwerkstätten der Humboldt Universität und der BAM sowie der analytischen Abteilung der Humboldt Universität.

Zu allerletzt bedanke ich mich bei meiner Familie, meinen Freunden und allen, die mich während dieser Zeit auch außerhalb der wissenschaftlichen Tätigkeit begleitet und meinen Blick auf andere ebenso wichtige Dinge gelenkt haben.

Selbständigkeitserklärung

Hiermit erkläre ich, Ingo Buchem, geboren am 11.08.1979 in Hamburg-Wandsbek, die vorliegende Dissertation selbständig und ohne unerlaubte Hilfe erarbeitet und verfasst zu haben.

Ich habe mich anderweitig nicht um einen Doktorgrad beworben und besitze keinen entsprechenden Doktorgrad.

Die diesem Verfahren zugrunde liegende Promotionsordnung der Mathematisch-Naturwissenschaftlichen Fakultät I der Humboldt-Universität zu Berlin erkenne ich an.

Berlin, den 19. Februar 2010   Ingo Buchem

Der disserta Verlag bietet die kostenlose Publikation
Ihrer Dissertation als hochwertige
Hardcover- oder Paperback-Ausgabe.

Fachautoren bietet der disserta Verlag
die kostenlose Veröffentlichung professioneller Fachbücher.

Der disserta Verlag ist Partner für die Veröffentlichung
von Schriftenreihen aus Hochschule und Wissenschaft.

Weitere Informationen auf www.disserta-verlag.de

disserta Verlag